黎族传统聚落民居原生态保护与再生设计

张 引 著

中国建筑工业出版社

图书在版编目（CIP）数据

黎族传统聚落民居原生态保护与再生设计 / 张引著
. —北京：中国建筑工业出版社，2022.11
ISBN 978-7-112-27857-2

Ⅰ. ①黎… Ⅱ. ①张… Ⅲ. ①黎族—民族聚居区—民
居—建筑艺术—研究—中国 Ⅳ. ① TU241.5

中国版本图书馆 CIP 数据核字（2022）第 161636 号

责任编辑：率 琦
责任校对：李辰馨

黎族传统聚落民居原生态保护与再生设计

张 引 著

*

中国建筑工业出版社出版、发行（北京海淀三里河路9号）
各地新华书店、建筑书店经销
北京点击世代文化传媒有限公司制版
北京中科印刷有限公司印刷

*

开本：787毫米×960毫米 1/16 印张：14½ 字数：248千字
2023年1月第一版 2023年1月第一次印刷
定价：**68.00** 元
ISBN 978-7-112-27857-2
（39964）

　　本专著资助基金：国家社科基金艺术学项目"基于海南黎族船型屋民居传统营造技艺的创新设计研究"，项目编号：20BG105；国家教育部全国普通高校中华优秀传统文化传承基地阶段性成果；海南国际设计岛创新实践基地阶段性成果。

目 录

CONTENTS

第1章 绪 论 ……………………………………………………………… 1

1.1 本书的缘起与背景 …………………………………………………… 1

    1. 缘起 ……………………………………………………………… 1

    2. 背景 ……………………………………………………………… 2

1.2 意义、目标和内容 …………………………………………………… 2

    1. 意义 ……………………………………………………………… 2

    2. 目标 ……………………………………………………………… 3

    3. 内容 ……………………………………………………………… 3

1.3 相关研究动态 ………………………………………………………… 3

    1. 国内外聚落民居保护与再生的研究 …………………………… 3

    2. 2000—2020 年涉及聚落民居保护与再生研究的主要学术论文 … 5

1.4 海南黎族传统民居基本概念及研究范围的界定 …………………… 6

    1. 海南黎族传统民居遗产 ………………………………………… 6

    2. 海南黎族传统聚落民居之本源 ………………………………… 6

    3. 再生性设计的思考与研究 ……………………………………… 7

    4. 研究地域范围的思考 …………………………………………… 7

    5. 研究对象范围的界定 …………………………………………… 7

1.5 研究方法与创新之处 ………………………………………………… 7

    1. 研究方法 ………………………………………………………… 7

    2. 研究框架 ………………………………………………………… 8

    3. 创新之处 ………………………………………………………… 8

第2章　黎族传统民居的生成与历史沿革 ……………………………………… 10

　2.1　海南黎族传统民居概况 ………………………………………………… 10

　　　1. 黎族概况 …………………………………………………………………… 10

　　　2. 黎族民居演化发展概述 ……………………………………………………… 10

　　　3. 黎族原始聚落选址分析 ……………………………………………………… 12

　　　4. 小结 …………………………………………………………………………… 14

　2.2　海南黎族传统民居类型 ………………………………………………… 14

　　　1. 船型屋式民居 ……………………………………………………………… 15

　　　2. 金字屋式民居 ……………………………………………………………… 19

　　　3. 干栏屋式民居 ……………………………………………………………… 21

　　　4. 砖瓦房式民居 ……………………………………………………………… 21

　2.3　黎族传统村落民居形制构造、工匠技艺及配属建筑设施 …… 22

　　　1. 民居营建主要材料 ………………………………………………………… 22

　　　2. 传统民居附属建筑 ………………………………………………………… 26

　　　3. 形制构造的工匠技艺 ……………………………………………………… 30

　2.4　海南黎族传统民居形式特征成因 ……………………………………… 31

　2.5　海南黎族传统原生态民居演化的恒常与变异 ……………………… 33

第3章　黎族传统聚落民居原生态保护与再生理论 ……………………… 35

　3.1　建筑遗产保护中的场所精神 …………………………………………… 35

　3.2　传统聚落民居建筑保护策略 …………………………………………… 41

　3.3　再生中的建筑意义重构与模式转换 …………………………………… 58

　　　1. 在聚落环境原址场所中的再生 …………………………………………… 60

　　　2. 在聚落环境原址场所以外的再生 ………………………………………… 60

　3.4　生态学环境中的文化反哺 ……………………………………………… 62

　　　1. 传统聚落体现的生态文化思想 …………………………………………… 62

　　　2. 生态营建环境智慧的当代价值 …………………………………………… 64

　　　3. 生态与环境文化的反哺环链：传承与再生 …………………………… 65

第4章 黎族建筑遗产的保护与传承 ·················· 67

4.1 黎族传统民居的传承脉络 ·················· 67

   1. 民居遗产保护的原真性 ·················· 69

   2. 传承中的再生来源 ·················· 72

4.2 黎族传统民居保护与再生设计的关系博弈 ·················· 75

   1. 民居"形"与"意"的保护与再生设计对立 ·················· 75

   2. 保护与人本自然再生设计延续融合 ·················· 77

   3. 黎族传统民居保护与再生设计的共生关系 ·················· 79

4.3 黎族传统聚落原生态民居的保护方式研究 ·················· 87

4.4 黎族传统聚落民居形态转译与再生研究 ·················· 91

   1. 多源复合的形态 ·················· 91

   2. 再生评估机制 ·················· 93

   3. 再生的美学策略——建筑体验中的深层知觉 ·················· 94

第5章 黎族传统民居保护与传承的因果关系 ·················· 96

5.1 白查村黎族民居的十五年沿革与流变 ·················· 96

   1. 原址聚落发展阶段 ·················· 96

   2. 整村迁离生活阶段 ·················· 101

5.2 俄查村黎族民居生态掘进 ·················· 102

5.3 洪水村黎族民居文化传承双重性 ·················· 107

5.4 初保村民居保护与再生支点 ·················· 113

5.5 中廖村民居再生的美丽乡村范式 ·················· 119

5.6 什寒村民居建筑语言碎片与再生诊断 ·················· 124

5.7 传统黎族聚落经济模式对区域分布和形态变迁的影响 ·················· 129

第6章 生态文化理念下的黎族民居再生设计 ·················· 133

6.1 黎族传统民居文化与生态环境 ·················· 133

6.2 环境反哺生态再生 ·················· 135

6.3 文化生态环境再生的重要维度 ·················· 138

6.4 生态文化再生与适应 ·················· 142

6.5 设计学视角下的黎族民居再生内涵与外延 ············ 145

 1. 功能优化提升与打破单一固定形态 ············ 145

 2. 再生设计带动返璞归真 ············ 146

 3. 再生建筑的生态美创新 ············ 146

6.6 环境中的再生应用 ············ 147

 1. 美丽乡村建设中的再生应用 ············ 147

 2. 城市环境建设中的再生应用 ············ 152

 3. 槟榔谷文旅项目中的再生应用 ············ 156

第7章 结　语 ············ 163

附录：海南黎族传统民居测绘图与再生设计效果图 ············ 167

参考文献 ············ 222

后记 ············ 223

第1章 绪 论 ◁◁◁◁

1.1 本书的缘起与背景

1. 缘起

黎族是我国南方一个具有鲜明地域特征的少数民族，主要分布在海南省，有着 3000 多年的发展历史。黎族由于没有本民族的文字，其文化多以服饰、文身、民居、民歌等形式传承。黎族特有的聚落生活环境孕育了其独特的传统聚落民居样式——"船型屋"，无论从外观、材料与材质，还是结构与功能等方面，均有着与我国内陆少数民族迥然不同之处。海南黎族船型屋建筑营建技艺是我国国家级非物质文化遗产，是黎族最具有代表性的艺术文化遗产之一。对黎族传统聚落民居原生态进行系统性的保护与再生设计研究，是黎族文化传承的重要学术研究组成部分，也是我国少数民族传统聚落民居建筑遗产保护系统中不可或缺的重要一环。

自 1988 年海南建省办特区以来，伴随着社会经济的不断发展，城乡建设日新月异；城市化在改善海南黎族原住民生活条件的同时，也在改变着沿袭数千年的原始聚落环境。在现代文明与传统文化的碰撞中，黎族传统聚落民居的消亡首当其冲，青年一代大多外出务工，年老者出于晚年生活环境改善的需求，搬迁至政府规划建设的新村，独特的地理气候环境和建筑材料，使得海南传统聚落原址遭到废弃而快速消亡。尤其在跟踪研究黎族传统聚落民居的 10 余年间，黎族传统聚落民居的消亡速度不断加剧，原始聚落的生活环境发展了较大的变化，传统黎族聚落原住民整体性的迁移带来了传统民居建筑的规模性荒废。新建的乡村建筑重视坚固而缺乏民族建筑元素的考量，加之文字记载的缺失（黎族无本民族文字），给系统研究黎族民居、保护与传承黎族民居再生设计文化带来了较大的障碍，因此，该项研究具有更加突出的紧迫性和现实意义。

对海南黎族传统聚落民居保护性再生设计的实践性创作、梳理和总结,将深化、拓展我国少数民族传统聚落民居文化保护建设实践中的现实问题研究。从成果转化的角度来看,海南黎族传统民居的风格、样式、结构、材质可以作为海南国际自贸区、港建设进程中地域文化、建筑风格发展的良性增长点,作为海南省文化产业中极具经济和文化增加值的产业项目。

基于以上缘起与思考,系统性地研究海南黎族传统聚落的"前世今生",分析其结构、外观、材质、工艺等特征,把握好"传"与"承"的关系,在继承中让黎族民居的设计精华在城市街道景观、美丽乡村建设中得以运用,焕发新的生机,再生其独有的地域民居装饰手法;立足黎族传统聚落民居保护,提取其建筑艺术的精髓,既是黎族民居保护的基础,又是未来海南地域城市建筑设计发展的前提。在全球非物质文化建筑保护的大背景下,如何站在国际化视角下审视海南黎族传统聚落民居的保护、再生及发展至关重要。

2. 背景

在 2010 年获批建设国际旅游岛,2018 年获批建设自由贸易试验区,并大力推动建设美丽新海南的背景下,海南省的城市基础设施与居民住宅的建设速度不断加快,但多数建设项目的设计定位与我国内陆城市同质化严重,在建筑风格上大多采用欧美建筑风格或沿袭内陆传统样式,缺乏海南本土地域性特色。事实上,海南本土地域性风格多集中于黎族传统聚落民居的建筑装饰方面,因此在对黎族传统聚落民居进行保护性再生设计的同时,要从中汲取适合助力海南国际旅游岛建设、自由贸易试验区建设、海南美丽乡村建设,带有鲜明地域性特色的元素和精髓。

1.2 意义、目标和内容

1. 意义

对海南黎族传统聚落民居进行系统性的研究,不仅具有较大的现实意义,还能从中梳理出保护的基本思路。在"保护"之后,它的"出路"在哪里?保护的目的不只是对少数民族民居的加固与修缮,也不只是通过合理的开发旅游促进地方增收,而是为更好地建设美丽新海南提供系统性的理论支撑,所以要对海南黎族传统民居保护的政策、主体、目标、价值和措施等进行分析。现代文明的进程不应完全以地域性少数民族文化的消亡为代价，尤其是黎族传统聚落民居文化与黎锦、文身、习俗等诸多方面均有着紧密的内在联系。本书认为：保护，是为了更好地创造，是为了留下千年文明的民居文化，是为了在科学、严谨地掌握内在规律的前提下创造和创新，没有系统性研究的"创造"是伪科学，是伪设计。同样，仅研究而不去尝试"创造"，不去尝试研究再生设计应用，也无法为传承寻找到一个良好的支点。黎族民居的保护与再生设计实践，是一个海南黎族传统聚落民居"从哪里来和到哪里去"的大问题。

2. 目标

黎族传统民居原生态的主要特点、历史演化、构成要素等，保护性设计的结合以及理论方案的适应性和可行性；研究目标在于：黎族传统聚落民居原生态保护性方案与当下地域环境中的乡村、城市及海南国际旅游岛、自贸区（港）需要的建筑生态环境建设的融合性，即再生的结合点、理论与方式方法。

3. 内容

通过黎族传统聚落民居演化历史的梳理，以及建筑样式、风格、结构的详尽剖析，通过大量田野调研案例比对分析传统黎族民居的建筑与装饰材料、搭建工艺，总结出黎族传统村落原生态民居保护的方法与理论。在现代地域性民居建筑与传统黎族村落民居建筑使用功能的对比中，提出以海南为例，在民居、乡村和城市建筑中使用传统黎族民居装饰特色材料与工艺的方法，最终探寻出传统黎族建筑装饰特色与海南当下地域性建筑外观结合再生的理论与方法。

1.3　相关研究动态

1. 国内外聚落民居保护与再生的研究

黎族是海南省的主要少数民族、原住民，海南省也是国内黎族最主要的聚居区。海南黎族的传统聚落民居具有鲜明的民族艺术特征和地域化形制特征，体现出南海地域中一支古老、独特少数民族的民居建筑智慧。对海南黎族传统聚落民居进行保护与再生设计实践理论研究，既是对黎族非物质文化遗产的保护，也是我国民族文化保护的重要组成部分。

在国内，较早实地调研并对黎族传统聚落民居有图片记录的，是黄强所著《五指山问黎记》①，书中详细记载了海南主要黎族聚居区五指山黎族聚落的风俗、物产、服饰、植被及民居情况，对黎族聚落的分布有着详细的记录，虽为半文言文，但其中的数据十分具体；广东省的一些民族研究学者也曾对海南黎族进行过规模比较大的综合考察。比较重要的有两次：一是中南民族学院调研组在 1954 年 7 月至 1955 年 1 月间对海南 22 个黎族村点的调查，结集为《海南岛黎族社会调查》②；二是中国少数民族社会历史调查广东省课题组民族研究学者于 1956 年 11 月至 1957 年 2 月对海南黎族聚落的调查，结集为《黎族社会历史调查》（民族出版社，1986 年）。这些调查成果对黎族传统聚落进行了客观、详细的记录。中国科学院广东民族研究所编印的《海南岛民族志》，虽为根据日文转译德国人的研究成果，但对黎族的族源问题有独特的看法，并能够全面、系统地记录与分析海南黎族的社会形态等与黎族民居相关的人文环境。从建筑设计的角度看，20 世纪 80 年代相对较为细致地针对黎族民居建筑进行梳理分析的是《海南岛黎族的住宅建筑》③，其中最为可贵的是详细记录了我国古籍中有关黎族建筑的原文（摘录），包括对楼房、干栏的记载，为后人研究黎族传统聚落民居提供了极大的便利；同时该著作拥有大量翔实的黎族民居平面、立面、剖面及村寨民居布局图，对部分已经消亡的黎族民居格局及当下演化的样式具有极高的研究价值。2008 年由海南省出版的"海南历史文化大系"系列丛书，以及海南省社会科学界联合会、海南省社会科院进行的"黎学论丛"项目，均从严谨的科研学术角度组织海南学术界针对黎族及黎族传统聚落民居进行系统研究，并创新性地应用于美丽乡村建设规划领域。林源所著《中国建筑遗产保护基础理论》④，亦为黎族传统聚落民居保护提供了较为新颖全面、体系性的研究基础支持。

在国外，德国人类学家、耶拿大学教授汉斯·史图博（Hans stübel）于 1931—1932 年两次到海南黎族区进行田野调查，主要研究成果汇集于 1937 年出版的德文著作《海南岛的黎族——为华南民族学研究而作》；该著作是国外学者

---

① 黄强.五指山间黎记 [M].香港：香港商务印书馆，1928.
② 中南民族学院本书编辑组.海南岛黎族社会调查 [M].南宁：广西民族出版社，1992.
③ 刘耀荃.海南岛黎族的住宅建筑 [M].广州：广东省民族研究所，1992.
④ 林源.中国建筑遗产保护基础理论 [M].北京：中国建设工业出版社，2012.

对黎族研究的权威著作，对黎族的习俗、技艺及社会生活等方方面面进行了详细的田野调查，并留下客观记录，成为宝贵的黎族原生态资料，为研究 20 世纪初黎族传统民居的客观情况提供了翔实的数据信息与一手材料。后由日本人清水三男于 1943 年翻译并在日本出版，国内学者对史图博著作的研究多从日译版转译中文后获取，因而未尽准确。

2. 2000—2020 年涉及聚落民居保护与再生研究的主要学术论文

2000 年至 2020 年的 20 年间，涉及聚落民居保护研究的硕士、博士论文共检索到 101 篇，其中博士论文 22 篇、硕士论文 79 篇。这些学位论文的主要视角集中于聚落空间解析、建筑结构分析、建筑空间形态研究、聚落环境保护、地域民居演化研究以及大量个体村落的典型性个案研究。建筑"再生"的博士学位论文仅有 3 篇，均未涉及黎族聚落原生态环境和案例分析。其他 20 余篇博士学位论文主要围绕各地域民居演化、特色、保护与开发等相关领域，真正与本书有一定交叉性的国内高校博士和硕士的研究论文中也不乏从不同视角对海南黎族聚落环境进行的研究与梳理，丰富了黎族民居研究思路，具有较强的逻辑性、系统性和理论性。例如，华南理工大学杨定海博士的"海南岛传统聚落与建筑空间形态研究"从黎族聚落形态、环境领域对黎族建筑的演变进行了系统性分析，并着重分析了空间形态与功能及其美学意义；这种针对聚落环境与空间形态的研究是对黎族传统聚落民居保护的重要支撑，同时也是黎族民居再生设计与应用的前提条件，其建筑空间的理论主张对民居保护的分类尤其具有较强的指导意义。南京艺术学院袁晓莉博士的"生存与创物"从黎族宏观的社会形态到具体的民间传统技艺等多视角进行研究，对黎族造物各类成因与分析、黎族生存环境中的原生态造物体系的构建、"生存"与"创物"二者联系的对应、黎族民居初期的成型与千年的演化规律均进行了合理的分析。王瑜的"黎族船型屋研究"主要从船型屋的文化特质领域提出了不同的成因，并分析了其结构与技术适应性；而"黎族民居的特征"则从黎族民居文化特征的视角带入黎族民居的演化，并与其他少数民族民居进行了比对研究。中国美术学院陈博的"黎族传统聚落形态研究"提出了黎族传统聚落形态的谱系定位，其中黎族生活环境与居住关系的论述对黎族民居再生设计实践理论的基本原则具有一定的逻辑关系指向价值；文章案例中的黎族村寨具有典型的代表性，也为本书的黎族民居演化研究提供了比对的可能。

1.4 海南黎族传统民居基本概念及研究范围的界定

1. 海南黎族传统民居遗产

"民居的称谓最早始于周朝，意为百姓居住之所，有民家、民房的含义"。[①] "民居遗产指能在一定时期或世界某一文化区域内，对建筑艺术、规划或景观设计方面的发展产生过重大影响，可作为建筑或建筑群的杰出范例，展示人类历史上的一个重要阶段；可作为传统的人类居住地或使用地的杰出范例，代表一种文化，尤其在不可逆转之变化的影响下变得易于损坏"。[②] "现存的民居遗产不仅指传统民居，也包括近现代形成的民居建筑"。[③] 民居遗产既包括物质化的有形建筑，也包括非物质化的文化生态环境信息。

2. 海南黎族传统聚落民居之本源

聚落在《辞海》中意为人聚居的地方、村落。《水经注》有："其聚落悉为蛮居，犹名之为黄邮蛮"。[④] 聚落在古代指村落，如《史记·五帝本纪》"一年所居成聚，二年成邑，三年成都"中的"聚"和《史记·沟洫志》"或久无害，稍筑室宅，遂成聚落"中的"聚落"均指村落。传统聚落民居指各种乡村的居民点，既包括乡村中的单家院落，也包括由多户人家聚居在一起的村落和尚未形成城市规模的乡村民居状态。"传统"本身不仅是时间上的限定，同时也是对聚落文化性质的限定。"传统的聚落民居实际上也是发展、演变的，其内部总是处于一定的更新和改造之中，但在总体特征上仍然保留了聚落总体面貌和传统风格"。[⑤] 聚落的组织形式必然催生文化生态环境，而文化生态环境与聚落民居环境是相伴相生、彼此促进、相互作用、相互影响的循环模式。越是原生态的聚落民居，越能够产生独特的文化生态环境。

---

① 阎瑛．传统民居艺术 [M].济南：山东科学技术出版社，2000.
② 林源．中国建筑遗产保护基础理论 [M].北京：中国建筑工业出版社，2012.
③ 毛文贞，刘破浪．论民居遗产保护 [J].现代园艺，2014: 58.
④ 郦道元．水经注·淯水 [M].北魏：卷三十一.
⑤ 许飞进．探寻与求证——云南团山村与江西流坑村传统聚落的比较研究 [M].北京：中国水利水电出版社，2012.

3. 再生性设计的思考与研究

"再生"原意为生物学词语,是指生物体对失去的结构重新自我修复和替代的过程。狭义地讲,"再生"是指生物的器官损伤后,剩余的部分生长出与原来形态功能相同结构的现象。设计学视角下的再生有多重延伸含义,"民居再生即为在无法彻底推倒旧建筑的前提下,合理、适度地添加新的设计文化元素和内容,赋予旧民居建筑新的生命"。[①] 再生的设计价值在于发挥旧民居的传统文化生态属性,为新农村建设与城乡规划、建筑设计提供鲜明的地域文化元素,令传统经典民居文化在新时代发挥新的价值,也促使传统建筑文化再生成为青年一代所喜闻乐见的文化生态新载体。

4. 研究地域范围的思考

因为黎族的主要聚居区为海南省,所以本书的研究地域范围主要为海南省及其周边,为比对研究地理区位近似的主要民居,还对广东省、云南省和泰国的少数民族聚落地域进行了研究,同时研究了我国河北省新乐、正定,以及日本东京、京都、奈良、大阪等地域中的传统建筑装饰元素转译应用。

5. 研究对象范围的界定

研究对象主要分为三类:第一类是全省范围内的所有黎族传统村落和已搬迁新址的黎族聚落村寨;第二类是省内各市县在城乡建设中运用黎族传统民居建筑元素构建的现代建筑及其外观、景观等建筑环境;第三类是省外地域中的传统建筑文化元素应用于建筑及周边环境的典型案例。

1.5 研究方法与创新之处

1. 研究方法

运用现代科技手段,在大量田野调研的基础上,定性研究与定量研究、理论研究与实证研究相结合,实现研究方法的科学性、规范性和严谨性。从实际项目

---

① 联合国教科文组织 . 保护世界文化和自然遗产公约 [Z].1972,11.

出发，遵循设计艺术创作规律，掌握研究对象的设计技术要点，提出新理论和新观点，揭示海南黎族传统村落民居的主要特征与再生设计的内在规律及契合点。利用田野调查、观察、概念分析、比较等研究方法，在实践操作中不断总结、提炼和深入探索。

2. 研究框架

从黎族传统聚落民居原生态保护方案出发，以艺术与技术双重角度系统衡量黎族传统聚落民居原生态保护性理论与方案创建要点，在前期黎族传统村落文献中梳理保护民居的原生态理论与创作基础，调研传统村落民居遗存，分析提炼黎族传统民居结构特征，运用现代虚拟现实技术完整复原传统民居，结合海南地域文化与国际旅游岛建设背景提出保护性设计方案等，并"落地"于黎族民居元素的"再生"设计理论与具体方案，总结黎族传统民居保护性设计的创作规律，优化主要再生技术流程，完善合理的黎族传统民居保护性设计艺术（图1-1）。

在黎族传统民居保护性设计理论方面，综合研究从传统黎族村落民居的视觉生理特点到心理特点，再到保护性设计认知语言的内在关系，建立相应的保护性视觉思维系统。将结构图像作为人类对自然世界的模仿和想象所创作的表现和传达方式，吸收传统少数民族民居发展史、黎族传统村落民居艺术和视觉文化研究的给养，捕捉新的变化和理论的转型，从传统的经典艺术学研究、传统民居恢复性保护研究向跨学科和多元性的设计艺术学研究转型。

3. 创新之处

本书的研究区别于传统的恢复性保护设计，其创新之处在于：①开发和研究以虚拟现实为设计媒介，以高度的准确性、完整性创建黎族传统村落民居电子信息库，运用现代科技手段详尽地记录民居遗存的完整资料，并通过信息技术进行三维立体化的还原性呈现；②以包容性、适应性、高度应用性、一定意义上的视觉表现为高级设计开发平台，形成最终适合海南自贸区（港）、国际旅游岛建设需要的传统民居保护性设计方案。其主旨在于寻找传统民居建筑特点保护与当下地域性建筑再生发展相契合的设计要点，形成黎族传统民居保护和再生设计呈现的新设计艺术语言结构，同时对民居保护设计虚拟现实的视觉核心给予开发性研究。它是黎族传统民居保护设计艺术与新媒体学科中带有"前沿"意义的研究方向，研究重点包括：黎族民居建筑遗存的信息数字化采集、古籍文献中黎族民居的数字化比对、黎族遗存民居建筑电子数据库的建立、传统民居保护性设计的虚拟现实表现、黎族传统聚落民居的再生设计，追求设计艺术与科学技术的融合，具有广泛的包容性，不断与边缘学科融合，向新兴领域拓展。

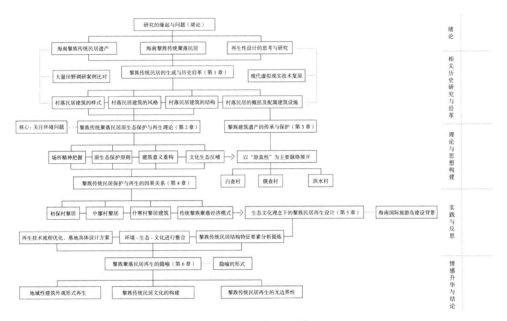

图1-1 研究内容及研究框架

>>>> 第2章 黎族传统民居的生成与历史沿革

2.1 海南黎族传统民居概况

1. 黎族概况

黎族是海南最早的原住民，历史上属于百越族繁衍的分支。"黎族"初始的称谓现于周、秦时期，谓之"儋耳"或"离耳"，汉朝时期也称"骆越"或"俚僚"，文献中有"三代以前，兹地在荒服之外，而为骆越之域"。[①] 以及记载僚人活动的"僚在牂牁、兴古、郁林、苍梧、交趾皆以朱漆皮为兜鍪"。[②] "直到唐朝才开始使用'黎族'的正式称谓，宋朝以后黎族的族名方才普及推广开来"。[③] 至今，黎族在海南的文明进化史已有 3000 余年的历史。

2. 黎族民居演化发展概述

"黎族传统村落聚居区在黎族中称之为'Fan'（音译为'番'），也称为'Bao'（音译为'抱'），都是村落的含义"。[④] 黎族原始村寨周边大部分围绕着茂盛的热带植物，元代诗人范梈曾这样描述："重重叶暗桃榔雨，知是黎人第几村"。[⑤] 形容的便是黎族村落消隐在层层叠障的热带雨林中，无法辨别村寨的方位和民居数量。黎族传统民居最早存在的形式可以追溯到"巢居"和"干栏"式民居。"南越巢居，北朔穴居，避寒暑也"[⑥]，早在晋代就已经出现了古人对此类民居的象形称谓，"巢居"的建材均取自黎村周围的竹林和森林，竹材和木材的大量运用使

---

① 丘浚. 南溟奇甸赋 [M]. 明: 第八段.

② 郭义恭. 广志 [M]. 晋: 第 87 卷.

③ 吴永章. 黎族史 [M]. 广州: 广东人民出版社，1997.

④ 刘耀荃. 海南岛黎族的住宅建筑 [M]. 广州: 广东省民族研究所，1982.

⑤ 出自元代范梈诗词《琼州出郭》.

⑥ 张华. 博物志 [M]. 晋: 卷三.

得民居色彩、造型等方面均与鸟类巢穴十分相似，故被贴切地称为"鸟巢"。黎居建筑随着原始社会的进步逐渐发生演变，支撑结构的营造工艺演进出现了干栏式建筑。"土气多瘴疠，山有毒草及虮蝮蛇，人并楼居，登梯而上，号为'干栏'"①，干栏式建筑的诞生较大地改善了黎族先民人居环境的安全性和便利性。"居处架木两重，以上自居，下以畜牧"②，它实现了人居和饲养牲畜的双重使用功能，底部架高的空间能够较好地避免猛兽和蛇虫侵害，并在氏族冲突爆发时有一定的抵御作用，此外隔绝了地面的潮湿和高温，底层空间也具备更优良的通风效果。干栏式建筑底部能够形成圈养家禽牲畜的空间，方便日常打理与饲养。干栏式是百越民族建筑体系中较为常见的一种建筑形式，因此也是将黎族先民追溯为百越族支系的例证之一。黎族干栏式传统民居样式发展至宋代，已经趋近于内陆的壮、苗、瑶、侗等少数民族的传统民居样式，"深广之民，结栅以居，上设茅屋，下豢牛豕。栅上编竹为栈，不施椅桌床榻，唯有一牛皮为栖席，寝食于斯。牛豕之秽，升闻于栈之间，不可向迩，彼皆习惯，莫之闻也。考其所以然，盖地多虎狼，不如是，则人畜皆不得安．无乃上古巢居之意欤"。③

黎族干栏式建筑的基本形制一直维持至明朝年间，并无明显改变。"凡深黎村男女众多，必伐长木两头搭屋有数间，上覆以草，中剖竹，下横上直，平铺为楼板，其下则虚焉。登陟必用梯，其俗呼曰'栏房'"。④ 从可考的文献中分析出，其外观样式发生了明显的变化，明朝时期的黎族传统民居已经在较大程度上趋近于近代黎族"船型屋"民居形制。"茅屋檐垂地，开门屋山头内，为水栈居之，离地二三尺，下养羊豕之类"⑤，由此可见，而后清朝年间的黎族传统民居仍延续的是干栏式船型屋居住形式。此外，《海槎余录》一书中曾记载过一种称之为"殷"的存储用功能建筑，然而因无附图辅助说明，并不能详尽精准地辨析与当下黎族谷仓建筑有无历史演变和传承关系。

黎族传统民居在清朝年间被称为"舫屋"，扮演了承上启下的角色，不断调整着结构及工艺不完善的部分，最终外观形态与现代所看到的船型屋相差不大。舫屋的外形轮廓多为长方形，内部空间以隔墙区分，多为双开间格局。屋顶内部

① 欧阳修，宋祁，范镇，吕夏卿等．新唐书·南平僚传 [M]．北宋：卷一九七．
② 范成大．桂海虞衡志 [M]．宋：卷三三一．
③ 周去非．《岭外代答·风土》卷四 [M]．南宋：卷十．
④ 顾岕．海槎余录 [M]．明：卷六．
⑤ 顾炎武．天下郡国利弊书·广东 [M]．清：卷四十三．

结构与船型屋顶部极为相似，均为圆拱形构造形式。"屋室形似覆舟，编茅为之，或被以葵叶或藤叶，随所便也。门倚脊而开，穴其旁以为牖。屋内架木为栏，横铺竹木，上居男妇，下畜鸡豚。熟黎屋内通用栏，厨灶寝处并在其上；生黎栏在后，前后空地，地下挖窟，列三石置釜，席地炊煮，惟于栏上寝处。黎内有高栏、低栏之名，以去地高下而名，无甚异也"。[①] 在清代，干栏式建筑并未消失，并且依据房屋架空高度不同分为"高栏"和"低栏"。高栏建筑的楼板距地面最高不到2米，上部住人，下层圈养牲畜，这种民居通常建造在坡地上，与地形的走向相垂直，民居一端底层挑空。低栏建筑则不适应这种坡度，基本只出现在平坦的土地上。

民国初期，全国经济体系逐渐完善，黎族社会的生产力有了明显提高，迁村不再频繁，村落选址更多地集中在平坦的山地上。黎族船型屋在这个阶段完成了最终的演化过程，而后没有明显的外观改动，干栏式船型屋数量也不再增加。今天的五指山地区，如初保村，仍留存一部分干栏式传统建筑，不仅为干栏式民居的历史存在提供了有利证据，还在一定程度上体现了黎族民居营造法则因地制宜的主观能动性。

黎族同胞与内陆地区的联系日趋紧密，他们意识到汉族传统住宅的合理性，并有所保留地学习和借鉴了汉族住宅文化的部分精髓，由此诞生了新的建筑形式——"金字屋"。早期的金字屋与船型屋在某些方面有着较高的相似性，这为如今船型屋不同体量大小及结构种类之分奠定了一定的基础。在这个时期甚至出现了与汉族金字形民居极为相似的民居建筑，虽然普及程度不高，但也潜移默化地加强了黎族传统民居的安全性和实用性。

黎族村民在地方政府的帮助扶持下，逐步对房屋的安全性和牢固性加以改善，相关部门不仅带领黎族同胞发展经济，还引导黎族同胞陆续新建砖瓦结构的民居建筑，但在原始村落彻底停用之前，船型屋在黎族民居总数中的占比仍旧很高。

3. 黎族原始聚落选址分析

"中华人民共和国成立前，黎族聚落基本保持着原始社会的形态"。[②] 原始村落及传统民居改观不大，直至19世纪末还延续着世代承袭的原始民居形式。黎

---

① 张庆长. 黎歧纪闻 [M]. 清.

② 刘耀荃. 海南岛黎族的住宅建筑 [M]. 广州：广东省民族研究所，1982.

族村落分布在海南省的偏远山区，地形复杂且地貌特征多变，这与黎族的历史进程密不可分，"海南黎族有着长期与封建汉族统治阶级、国民党统治阶级抗争的历史"。① 顽强不屈的黎族先民不畏强权压迫，不断进行着反抗斗争，出于聚落生存环境长治久安和稳定发展的考虑，他们逐步搬离了冲突频发的滨海地区，转而向偏远山区谋求生存。海南省中部山区自然植被丰富，但可供耕种的良田较少，加之原始村落之间均保持有一定的"安全"② 距离，故黎族聚落形态未能形成较大的聚落规模。目前多数黎族原始村落中常住人口较少。早年同一黎族村落的居民都是相同的姓氏，以家族为单位聚居，目前这种状况开始逐步改变，"城乡一体化"进程加速了传统村落与外来人口间的交融性。

黎族先民对村寨的营建位置有着自己的原则，大多集中在山谷或河谷平原附近，地势相对平缓。黎族先民的选址偏好可以概括为以下六种：

（1）地形地势要求。村落的选址靠近有一定坡度的山地，如五指山初保村。它缘于海南省降水量较大的气候特征，缓坡地形结合明渠的排水系统，可以较好地疏通降水及日常排污。

（2）天然水资源需求。虽然黎族村民对原始挖井技艺有所掌握，但天然降水资源的流量大、便捷等优势成为黎族先民村落选址的重要考量因素。山谷中的泉水和河谷流经的河水均能满足基本农田灌溉的水量需求，并且水质优良的溪流是天然的渔猎场所，是黎族先民又一重要的食物获取来源。

（3）适合的交通距离。受封建统治阶级压迫的黎族先民虽然迁入山区，但他们与主要乡镇之间的联系并未完全切断，以物换物的产品交换需求使得他们在村落选址时注重与交通干道保持适当的距离。

（4）作物的多样性要求。海南的水稻虽然一年多熟，但黎族传统村落的稻米年产量仍然较低，为了满足基本生存和农作物交换等需求，黎族村落有意识地选择同时满足水稻、橡胶、水果、杂粮等农作物生长条件的生态环境。

（5）安全性要求。历史上黎族先民曾以捕猎为生，强烈的领地意识和刚毅的性格使得相邻部落之间斗争较为频繁，在日常生产生活中保持着高度防卫意识，因此黎族先民对村落选址的隐蔽性要求较高，避开野兽主要活动区域。另外，在

---

① 黎族简史编写组 . 黎族简史 [M]. 广州：广东人民出版社，1982.
② "安全"指黎族各传统村落为减少、降低渔猎耕地等问题冲突所保持的村落间的地理距离。

封建迷信思想的影响下，黎族先民有着较高的"精神安全"要求。

（6）生活物资和材料要求。黎族传统村落自给自足的生活方式历史久远，原始社会运转所必需的生活物资和建筑材料的充足与否也是村落选址的重要考量因素之一。因此，黎族村民多定居于植被覆盖率高的山地区域。

4. 小结

"从人类文化的发展来看，任何时期的建筑不可能脱离社会发展的关系而孤立存在。就是说：建筑的发展忠实反映了人们在生活和生产过程中所需要的材料和技术"。[1] 海南传统民居建筑是在漫长的生活实践和生产尝试中发生演变的，这一过程离不开黎族先民的勤劳果敢与思考创造。黎族船型屋民居建筑尤为如此，其浓郁的海南本土地域特色建筑形式体现了外观美学与营造技艺的高度共融，显现出不同于其他少数民族的热带岛屿建筑文化特征。但是船型屋的发展也囿于复杂历史因素的桎梏之中。不畏强权的黎族先民与反动统治阶级的频繁斗争导致黎族传统民居的营造技艺长期停滞不前，尤其在材料耐久度提升方面逐步与内陆地区其他少数民族传统民居营造技艺拉开差距。不断的迁移也让黎族文化未能具备稳固的传承基础，这一点可从传统民居营造技艺的部分细节处表露出来。梳理研究黎族传统民居的历史沿革和演变成因，有利于黎族民居保护理论的研究，特别是对具体的保护模式、侧重点、理论原则产生积极作用。保护理论的可行性以及设计思路的出发点建立在对黎族民居几千年来流变历史的洞悉之上，脱离历史谈保护在一定程度上是对文脉的破坏，没有清晰的演变历史脉络，设计就是盲目的片段剪辑。

2.2 海南黎族传统民居类型

黎族传统民居建筑形式并非一成不变，随着时代不断更替逐步形成了四种主要类型，外观造型和主要材料也各有不同，分别是船型屋式民居、金字屋式民居、干栏式民居和砖瓦房式民居。

---

[1] 刘敦桢. 中国住宅概说 [M]. 天津：百花文艺出版社，2004.

1. 船型屋式民居

船型屋是海南黎族传统民居建筑中具有典型地域特色的民居形式，其外形轮廓为长方形，出入口放置在较短墙壁一侧，民居顶部结构呈圆弧形，屋檐边缘向地面延伸距离较长，使得建筑主体在圆拱形屋顶的遮盖下如同一艘倒扣的船体，故称之为"船型屋"。传说在远古时候，一位国王意图通过联姻的方式获得国家的长治久安，于是将自己的女儿丹雅公主强行指婚嫁给别国王子，因对婚事的不满与反抗，丹雅公主独自驾驶一艘木船出海，天有不测风云，袭来的暴风雨把它卷入巨大的浪潮中，醒来时已身处一座孤岛，丹雅公主出于求生的本能，采集岛上的树干支撑起倒扣的船身作为临时居所，收集茅草覆盖船身破损的地方用于遮风挡雨。这座孤岛就是今天的海南岛，黎族先民将丹雅公主的居所视为船型屋的源起，并代代传承下来。从客观角度看，黎族历史上有以渔猎为生的阶段，"以船为家的渔民"[①] 更加合理地解释了船型屋形制的由来。

船型屋虽然是海南黎族传统民居中最具典型性的建筑之一，但也无法避免自然消亡和人为淘汰，大部分船型屋在近 100 年里遭到了不同程度的损毁，早在20 世纪末期就很难找到大规模的黎族原始聚落了。如今，田野调查的数十个黎族原始村落中，传统民居遗存较好的代表是五指山初保村，初保村最难能可贵的是仍有相当数量的黎族村民居住。相比之下，同样具有船型屋留存的白查村已不具备这一特点，其传统民居虽保护完好，但村民已悉数搬离至新村，原始聚落状态发生了较大的改变。海南各区域现有的黎族船型屋在外观样式上并没有明显的差异。干栏式船型屋因其独特的环境适应性，仅在海南中部山区和地形有一定起伏的丘陵地区较为常见，这一现状与海南近半个世纪以来的生态环境有关。对黎族村民人身安全威胁较大的野兽因人类活动范围的不断扩大而逐步消失，故干栏式架空部分的防御性功能不再具有实用性。此外，黎族村民逐渐重视起环境卫生问题，干栏式船型屋底层饲养的牲畜对人居空间的卫生影响较大，牲畜饲养空间也逐步与人居建筑剥离开来。与此同时，黎族同胞学习和借鉴了汉族卧床的入睡习惯，床的离地高度能够减少地面湿气对人体的侵袭，尤其是落地式船型屋的防潮效果更加明显，因此黎族同胞逐步改善了睡眠环境，进而影响了睡眠习惯。

---

① 陆琦，唐孝祥，廖志 . 中国民族建筑概览：华南卷 [M]. 北京：中国电力出版社，2007.

　　船型屋只在山墙两侧开设前后门，四周墙体均不开设窗洞，较小的采光面积使得屋内常年昏暗，并不具备良好的通风功能，尤其是入夜后只能通过生火获取光源。虽然船型屋顶部铺设蓬松的葵叶，具有一定的透气性，但整体室内通风环境仍较差。随着落地式船型屋数量的增多，为了克服上述问题，黎族先民对民居部分构造进行了调整，如民居入口由山墙处转至檐墙，顶部与墙体之间的空隙增大，以保证内外部空气流通（图2-1）。这些调整与黎族对汉族住宅文化的借鉴有一定的关系，屋顶与墙体衔接处留有50厘米左右的空间，改善室内的采光与通风条件。船型屋的室内空间根据房屋面积大小，一般分为2—4个部分，基本由前厅和卧室组成，也有在最后区域分隔出储物空间的情况。多数民居在入口前端设置门廊，使用功能多元化，屋顶的一部分延伸出主入口的山墙，形成对门廊的遮阴空间，门廊因此成为一个半户外空间，供黎族村民进行手工生产活动。对这一空间的另一种使用形式是将门廊单独用竹栏或树枝围合成较小的区域饲养家禽。这两种形式都对山墙屋檐的高度及延伸出檐的长度有一定的要求，屋顶葵叶下垂得越多，形成的阴凉区域面积就越大。檐墙顶部具有同样的遮光效果，而且还能存放农业生产器具和部分大型工具。

图2-1　屋顶与墙体间的缝隙

　　黎族传统民居的厨房多在室内，位于室内空间的前厅一侧，不在室外单独设置。黎族传统炉灶的形式十分原始，与汉族砖砌灶台不同，是用大小合适的三块石头或砖块摆放成具有支撑功能的三角形，又称"三石灶"（图2-2），烧火的木材不是常规的木块，而是更加细长的木条。个别黎族原始村落的室外还发现黄泥砌筑的桶状半弧形灶台，这种室外灶台多用于酿酒（图 2-3）。黎族先民会在靠近三石灶的墙体底部打通一个半圆形的孔洞（图 2-4），便于将炉灰清理出室内，依靠屋外事先挖掘好的明渠由雨水冲刷干净，然而这种室内燃烧木条产生的烟灰在无窗的环境里无法及时排放到室外，导致室内空气质量不佳，进一步对黎族村民的健康造成影响，尤其对眼部的危害更加显著。相应的，燃烧产生的高温废气沿着墙壁上升，烘干墙体，在雨季到来时能够较好地保持墙壁的干燥，延长其的使用寿命。闭塞的环境使得黎族先民们在原始时期将无法解释的自然现象归于灵异事件，久而久之便形成了封建时期的迷信思想，如墙体不开窗是为了防止鬼魂进入室内作祟。三石灶周围随意堆放各种盛放食物的陶制器皿，其中不乏现代化的塑料制品，多为粮油饮料等物品的外包装，用来存放一些需干燥保存的粮食。黎

图 2-2　三石灶

图 2-3　酿酒器皿

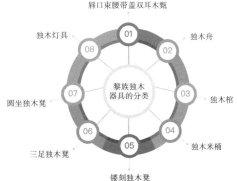

图 2-4　墙底半圆洞口

图 2-5　独木器具分类

族传统民居中的家具数量较少，多以小型手工木质品为主，如牛皮凳、独木椅等（图2-5）。黎族先民进餐时习惯于席地而坐，随着与外界交流频繁，木桌和木椅的普及逐步改变了原始生活习惯。"依据实地调研与文献分析，可以总结出黎族传统民居室内设灶的原因"[①]：

（1）黎族居住的山地环境蚊虫较多，灶台燃烧产生的烟气能够在一定程度上驱赶蚊虫。

（2）烟气能够烘干墙壁，去除隐藏在泥土颗粒中的水分，对其他建材也有一定的干燥作用，延缓其生霉腐烂的速度。

（3）海南的冬天，由于室内光照不足，导致室温较低，炉灶内零星的柴火能够持续散发热量，达到取暖的效果。

船型屋式民居屋顶的隆起部位最高点一般不超过3米，去掉屋顶厚度，室内空间平均高度在2米左右。黎族先民十分擅长利用民居内的上部空间，通过延展船型屋屋顶的内部结构，逐步衍生出了悬挂储物功能。船型屋屋顶的工艺精简，但工序复杂，横梁、桁架和檩条交织分布成较密集的网格状，加之内部空间低矮，大多伸手便能碰触到屋顶结构，故黎族村民将一些生活器具悬挂或嵌入网格状的结构中（图2-6—图2-8）。这种开发屋顶结构额外储物功能的做法体现了黎族先民较高的智慧，能够减少置于地面的生活用品数量，扩大民居内部的人居活动面积，与之相似的是民居外部檐墙两侧的物品存放区域，通过承重结构的凸凹悬挂

图 2-6　船型屋屋顶悬挂生活用品（一）

图 2-7　船型屋屋顶悬挂生活用品（二）

---

① 刘耀荃.海南岛黎族的住宅建筑[M].广州：广东省民族研究所，1982.

图 2-8　船型屋屋顶悬挂生活用品（三）　　　　图2-9　船型屋屋顶悬挂生活用品（四）

一些体量较大的农业生产用具（图 2-9），屋檐向四周延伸出的遮蔽区域可以确保器具不被雨水淋湿。

2. 金字屋式民居

金字屋式民居在某种程度上不完全属于黎族传统民居体系，海南黎族金字屋的产生与汉族及其他少数民族住宅文化均有着较为紧密的联系，它是不同地区民居文化交融后形成的具有黎族特色的民居类型。比起船型屋，金字屋在营建结构和实用性上有一定改观，最为明显的区别即屋顶形式的变化，金字屋的屋顶不再沿用圆拱形结构，而是采用两面坡的"金"字顶式，屋顶最高处较船型屋高，承重梁柱的结构关系也更加趋近于汉族民居。诸多变化使得金字屋拥有更高的建筑高度，改善了船型屋式民居低矮的入户门，增强了居民出入的便捷度（图 2-10—图 2-12）。

金字屋民居内部格局根据隔间数量的不同分为三种形式：1. 单间格局；2. 双间格局；3. 多间格局。其数量取决于金字屋建面的大小。金字屋在黎族传统住宅文化的影响下不设窗户，一些地区的民居为了采光需要在屋顶一侧设置较小的天窗，长宽均在 0.5 米以内（图 2-13）。有些黎族村落将体量较大的单间格局金字屋内部的砌墙一分为二，这种情况多发生在经济条件较差的家庭中，隔墙将金字屋分为两个独立空间，分别由两侧山墙出入，用于儿子成家后独立生活起居。后代为女性的，在出嫁前会在单独的房间中居住，无需从主入口进出（图 2-14）。

图2-10　金字屋传统民居（一）

图2-11　金字屋传统民居（二）

图2-12　金字屋传统民居（三）

图2-13　屋顶的玻璃窗户

图2-14　民居内部的隔墙

3. 干栏式民居

海南黎族干栏式民居在结构与体系上属于我国岭南地区干栏民居的分支，与古时百越民族建筑接近。数千年的演化使其具备了自身独特的形制与成因。《新唐书·南平僚传》记载："土气多瘴病，山有毒草及沙虱蝮蛇，人并楼居，号为干栏"。宋范成大《桂海虞衡志》记录：黎居"居处架木两重，以上自居，以下畜牧"。宋赵汝适《诸蕃志·海南》提到："屋宇以竹为棚，下居牲畜，人处其上"。可见黎族干栏的功能在很大程度上是基于对生活安全的考量，同时也是为了防备不同村落的攻伐。中华人民共和国成立后，海南通什和白沙黎族依然保留着干栏式民居，大多长 25 米，宽 9 米，对开门，离地架床，人居之上，禽畜居下。"这种干栏茅舍很牢固，暴风雨来袭都不易倒塌，且冬暖夏凉。地下虽用竹片铺成地板，但由于将牲畜也关在屋里，牲畜的粪便就拉在地板下的坑内，因人畜共居，很不卫生"。[①]目前海南境内传统的干栏式民居已基本消亡，可以找到的遗存主要在五指山初保村，该村依五指山山势而建，借助地形坡度营建高低不同的干栏式民居。为适应五指山不同季节的气候和环境，当地民居对传统干栏进行了修整，此外还受到了广东、广西沿海民居风格的影响，这也印证了黎族文化脉络上与岭南文化的关系。

4. 砖瓦房式民居

砖瓦房式民居在民国初期黎族村落中的普及程度并不高，多为地主阶级和统治者的住宅形式。1949 年以来，地方政府对黎族传统民居的规范性和安全性愈加重视，因此更加牢固安全的砖瓦房建筑如雨后春笋般出现在黎村中。在这个过程中，政府通常会无偿提供建筑材料，房屋主体由黎族同

图 2-15　砖瓦房式民居

胞自己兴建。当下黎族搬迁的新村中基本为砖瓦房式民居（图 2-15），建筑形式以联排或独立式存在。

---

① 国家民委经济发展司. 中国少数民族特色村寨建筑特色研究（一）村寨与自然生态和谐研究卷 [M]. 北京：民族出版社，2014.

2.3　黎族传统村落民居形制构造、工匠技艺及配属建筑设施

1. 民居营建主要材料

海南气候环境优越，地理环境优渥，孕育着种类丰富的木材和各种草本、竹本植物，是天然的民居营建材料。黎族先民尚未习得大型石料采集和加工技艺，故石材并不是黎族传统民居的主要材料。"材料采集的时间一般在每年的秋、冬两季，一是因为在农闲季节里时间可以保证，二是因为秋冬季节材料采集、堆放后不易生虫，材料中的水分相对较少，易于长期存放"。[①]

（1）民居屋顶材料

黎族传统民居大多以茅草覆盖顶部，这种茅草又称为"葵叶"或"白茅"，是一种具有良好防水性的天然植物，"翦笠端能直几钱，骑奴不拟雨连天。盖头旋折山葵叶，擘破青青伞半边"[②]，由此可见，宋朝年间人们就已经发现其具备良好的遮雨功能，甚至能和雨伞相媲美。茅草从采集到铺设至屋顶的过程共分为三步，首先要将茅草尽可能完整地切割与采集，多选用尺寸相近的茅草打捆并运送回村。然后将运回的茅草铺开筛选并剔除质量不佳的杂草，完成后置于太阳下晾晒，为了防止茅草在晾晒期间被雨水淋湿，通常在村落边缘设置带顶棚的简易建筑，用于雨天放置茅草和储存已经完成制作的备用茅草（图2-16、图2-17）。最后一步是将晾晒完成的茅草根部对齐，以每40—50厘米的宽度进行编织，这个环节十分关键，利用事先备好的藤条将茅草平均分成束，每一束再由藤条呈"S形"交错编织（图2-18—图2-20），如同一条腰带般穿插在茅草束之中。清朝时期人们称这种屋顶的建筑为"葵屋"，"黎、岐……皆环山起巢寨。……自峒主一下咸采葵叶为屋，有如窝棚"[③]，且同一时期对黎族干栏式民居建筑也有文献记载："居室形似覆舟，编茅为之。或被以葵或藤叶，随所便也"。[④] 茅草铺设的厚度一般在10—15厘米左右，通过茅草根部"S形"穿插固定，即使是民居建筑被台风摧毁，其茅草束被整片刮掉，每一片茅草也不会散落。支撑这些葵叶铺设的是屋顶承重结构，由桁架和檩条等力学结构组成，架设在房屋横梁上，承重结构的主要材料为竹条或

---

① 王恩．霸王岭黎族探源 [M]．海口：海南出版社，2012.

② 南宋四大家杨万里的《〈葵叶〉》一诗全文，是对葵叶材料的一种描述。

③ 毛奇龄．蛮司合志 [M]．清：卷十三．

④ 张庆长．黎歧纪闻 [M]．清：卷三．

图2-16　储存茅草建筑（一）

图2-17　储存茅草建筑（二）

图2-18　葵叶编织细节（一）

图2-19　葵叶编织细节（二）

图2-20　葵叶编织细节（三）

图2-21　茅草屋结构拆解图

细长的树枝，通过网格状交织排列固定，交叉处由藤条手工捆扎，以保证每一个结构点的位置准确（图 2-21）。藤条分为红、白两种，在多年的风吹日晒和雨淋的自然环境中，多呈现出暗淡的红褐色（图 2-22）。

图2-22 红褐色葵叶

图2-23 船型屋墙体

　　在海南昌江霸王岭一带聚居的黎族先民有着更加独特的茅草采集和栽种方式，出于对屋顶茅草质量、规格一致性的追求，他们通常会长期在同一片山地上培育和栽种葵叶，待到每一次备料采集完成后，便通过放火烧山的形式将杂余草木燃成灰，给予来年葵叶再次生长所需的养分。

　　（2）民居墙体材料及结构

　　黎族传统民居墙体的内部结构为竹木构造，并不具有较强的承重功能，经纬交叉状的竹材或木条通过藤条固定，再于其上涂抹附着事先备好的黄泥与草根的混合物，干燥后形成墙体（图2-23），经过长时间的阳光炙烤，泥土墙体会因为表面干燥和膨胀产生裂痕和部分脱落（图2-24—图2-27），草根在其中就起到了较好的缓冲作用，能够在一定程度上加固泥块，使得墙体不会大块垮塌，久而久之便形成了独特的立面纹理和颜色（图2-28—图2-31）。这种墙体的结构和制作工艺与我国云贵一带的少数民族（如白族）传统民居做法相似。

图2-24 船型屋墙体（一）

图2-25 船型屋墙体（二）

图2-26　船型屋龟裂墙体

图2-27　小部分脱落的墙体

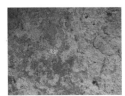
图2-28　墙面纹理（一）图2-29　墙面纹理（二）图 2-30　墙面纹理（三）图2-31　墙面纹理（四）

（3）民居基座材料

黎族传统村落所在的山谷区域丰富的植被覆盖使得土地砂石含量较低，土壤中以凝结力强的黏土为主，可以满足黎族传统民居的一般承重需求。建筑尺度较高的干栏式民居因稳定性要求需打地基，将每一个承重柱都置入柱洞中。落地式民居的建筑材料均体量小、质地轻，因此不需要特殊处理，对于地形凸凹不平处的处理方式是土壤回填和局部铲平，部分地区出于便捷考虑，直接将新建民居安置在老宅原址地基上。

部分地区的黎族先民将民居建筑沿地形走向逐层营建，会出现相对海拔较低的情况，为了确保从高处冲刷而下的雨水不破坏墙体，黎族村民在民居建筑底部用黄泥或水泥等材料砌筑了高约30厘米的地台，成为民居的基座（图2-32—图2-35）。因这种方式对水泥等现代材料的需求，故不是原始工艺。

黎族传统民居建筑因营建结构并不复杂，材料、构件等加工相对简单，故建筑营造效率相对较高，黎族原始社会中没有专职建造民居的人，通常是屋主准备好所需材料，召集同村村民共同完成，耗时一周左右。传统民居的材料使用寿命

图2-32　船型屋泥土基座（一）

图2-33　船型屋泥土基座（二）

图2-34　船型屋泥土基座（三）

图2-35　船型屋泥土基座（四）

均不长，如顶部葵叶三年左右就要更换一批，泥墙根据开裂和掉落的程度需要随时进行修补。

民居内部空间的地面通常为裸露的地表，但与外部不同的是，为了有效降低室内灰尘，黎族村民并未直接使用表层砂石较多的土壤，而是从远处深挖地表，收集黏度较高的深层土壤，在室内重新铺设夯实一遍。

2. 传统民居附属建筑

（1）谷仓

谷仓建筑同样是极具少数民族地域风格的典型建筑样式之一（图2-36—图2-39），与船型屋一同构成了黎族传统民居建筑丰富的本土色彩。谷仓作为粮食存储用建筑，体量较船型屋小，屋顶的结构和样式基本一致。谷仓的墙体并不

图2-36　谷仓（一）

图2-37　谷仓（二）

图2-38　谷仓（三）

图2-39　谷仓（四）

直接架设在地面上，其四根主要承重柱的底部垫有石块做基础，再以承重柱为边角用木材或竹条围合成墙体支撑结构。谷仓与船型屋的墙面材料基本一致，将黄泥稀释后混合草根、细木条，而后堆砌在事先围合好的墙体龙骨上。谷仓的墙体从立面上看并不完全呈矩形，其上部通常为弧度较大的圆拱形。谷仓的副梁长度较长，延伸出檐墙两侧一段距离，对屋顶起到一定的承重作用，以保证屋顶出檐更长，形成更大面积的遮阴空间，更宽的屋檐也能保证粮食在进出时不会被迅速淋湿。谷仓主入口尺寸较小，成年人俯身方能进入，谷仓内部底层架设 2 厘米左右的木板，木板上涂抹一层泥土，以提高底板的防潮性能。主入口下方通常也会增设石块承重，防止存取粮食时人的重量导致底板垮塌，石础抬高的部分在 50 厘米左右，一方面满足底层通风，保持谷物粮食干燥；另一方面这一空间也是小型家畜休憩纳凉的绝佳区域。

（2）牛栏、猪舍与鸡舍

文献中记载的牛栏由木栅栏围合而成，分矩形与圆形两种，上不设顶。笔者对黎族传统村落的考察历经了10余年，至今未发现还在使用的传统牛栏、猪舍等，仅在《海南岛黎族的住宅建筑》中能够查阅到这些配属建筑的形制（图2-40—图2-42）。在田野调查中所见的农业生产用具虽种类齐全，但都久未使用，处于一种废弃的状态，现代工具逐渐取代了这些原始器具，田边偶尔能碰到休憩的水牛，也未见其下田劳作。原始猪舍也早已不复存在，这是因为其对卫生环境的影响较大。原始的猪舍多建造在坡地上，利用坡度的排水畅通性在雨天冲刷排泄物。顶部遮雨棚以葵叶覆盖，四角以木桩固定，四边用较粗壮的树枝围合，目前仅有五指山地区的黎族原始村落中仍在使用猪舍，以水泥围合并有木结构的遮雨棚。当下诸多黎族村落朝着美丽乡村的方向努力，已不允许在民居周边设置猪圈。

图2-40　牛舍
（资料来源：《海南岛黎族的
住宅建筑》）

图2-41　牛栏
（资料来源：《海南岛黎族的
住宅建筑》）

图2-42　牛栏入口
（资料来源：《海南岛黎族的
住宅建筑》）

《海南岛黎族的住宅建筑》一书中记载了20世纪初黎族村落中鸡舍的形式，"黎族养鸡多用鸡笼，一般放在门廊处。陵水地区喜欢将鸡笼像鸟笼一样悬挂在门廊上，有些还设有特别的小梯，供鸡上落，式样别致（图2-43）"[①]，外观独特，形制精妙有趣。在调研中并未发现此种形式的鸡舍，更多的是鸡舍设置在房屋山墙外一侧，其他三边以木栅栏围合形成饲养空间，方便黎族村民喂养和照看。

---

① 刘耀荃. 海南岛黎族的住宅建筑 [M]. 广州：广东省民族研究所，1982.

图 2-43　鸡笼
（资料来源:《海南岛黎族的住宅建筑》）

综上所述，根据黎族传统民居建筑形制及用处的不同进行了总结归纳，其中大多数传统建筑形式都能依据史料在现实中找到遗存，较少一部分建筑形式早已埋没于泥土之下而不复存在了，只能从古籍寥寥无几的文字中想象其样式，具体分类如下图（图 2-44）。

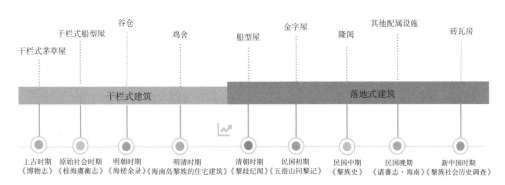

图2-44　黎族传统民居建筑形式及其文献记载

3.形制构造的工匠技艺

海南省物资丰饶，自然环境丰富，有着种类齐全的木材及多样的草本、竹本植物，为民居营造提供了大量的天然材料。早期黎族同胞尚未掌握石器的大范围采集及精加工技术，因此石材未能成为黎族传统民居建筑的承重用材料。

黎族船型屋的营造技艺蕴含了丰富的地域智慧。首先是将备好的建筑材料通过藤条捆绑固定的方式营建民居建筑的骨架。再将采集回来的茅草根据尺寸大小和质量分类同时编织成束状并开始晾晒，而后将田地中的草根和周围的杂草一起放入水中浸泡，达到一定的软化程度后与稀释过的黄土一起混合搅拌，还未完全凝固成型前涂抹悬挂在墙体结构上，最后将晾晒完成的葵叶束从屋脊处层层叠压，直至铺满整个屋顶结构，屋顶坡度较大的地方会将葵叶束通过捆绑的方式固定在屋顶结构处。这种葵叶的固定方式和铺设技艺一方面能够抵御频繁登录的台风；另一方面还能起到良好的排水性能，屋内也能做到不漏雨。由于葵叶的使用寿命较短，通常在两年左右就要更换一次。

船型屋的屋顶结构呈圆拱形，是因为椽子这一构件独特的造型，其材料多为毛竹，与我国内陆地区其他少数民族传统民居的椽子结构一样，同样是屋顶最基层的承重构件，椽子上面架设的是与之走向相垂直的檩条，通过粗壮的藤条将二者捆扎牢固，形成经纬相交的网格状屋顶骨架。

船型屋内部的地面处理方式较为特殊，黎族先民会选用黏度较高的土夯实这一区域，也有部分黎族村民会在地表上洒水，通过踩踏的方式不断挤压土壤密度，待其表面干燥后，继续洒水循环这一系列工序，直至土壤硬度达到使用要求。这种工作流程发生在建筑营造之前，是船型屋较为独特的工序流程之一。黎族船型屋主要是以木结构为主，通过立柱承载建筑物的主要重量，承重柱的柱洞深度一般在45厘米左右，地表以上高度不超过3米，选用直径较粗的结构用木材。在木柱承接横梁的位置一般会加工成"U形"或"V形"，以便横梁更加稳妥地放置。一个船型屋的主要承重柱一般有三根，中间一根立柱位于屋脊中心点的垂直线上，其余两根等距分布在同一屋脊线的两侧，这三根承重柱被黎族人称为"戈额"，象征着男性在家庭中顶梁柱般伟大的责任和使命。由"戈额"分别向檐墙两侧平移出六根支柱，支撑除主梁外的两根副梁，以此形成了完整的建筑承重结构基础（图2-45、图2-46）。

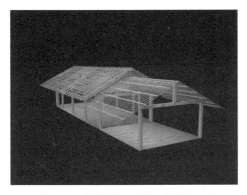

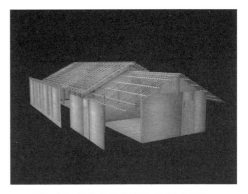

图2-45　黎族传统民居结构图（一）　　　　图2-46　黎族传统民居结构图（二）

2.4　海南黎族传统民居形式特征成因

　　黎人先祖在琼岛逐水而居，因水而生，早期生产生活的主要方式是捕捞。因而船成为主要的生产载体和交通工具，同时兼具作为休息空间的使用功能。由于船内空间的限制，黎人最初少有大型生活用器物，至今在传统黎族民居内也少见大体量的家具。从文化生态的角度看，黎人先祖对自然的认知、对自然资源的驾驭都明显受到生活环境的影响，其观念中对船的价值与象征性理解是根深蒂固的。"而这种原始的生活习俗和原始的认识一旦形成惯例，便具有了一定的保守性，并非因环境的变异而立即改变"。[①] 黎人对船的依赖浸入其生活的各个细节中，首当其冲的就是对居住场所的影响，民居的营造由于受自然气候、材料及技艺水平等因素的制约，不同使用功能的建筑形式有着不尽相同的多样性体现。最终影响黎族传统聚落民居形式，并使得民居具有聚落社会属性的，是原生态环境下逐步显现的文化属性，两者在相互交融中形成了传统民居的文化生态环境。聚落民居从形制上对于船型的追求即是一种文化现象，是一系列聚落社会文化力量共同作用下产生的效果。也正是基于这种独特的地域性船型，民居及聚落黎人的汇聚，无论是生产活动物质的汇聚，还是文化观念上精神的汇聚，最终融汇构成了黎族传统聚落的空间场所特点，具有强烈的易于辨识性。

　　随着生产技术的发展和对琼岛内陆探索深入的加剧，黎人聚落逐渐向海南腹

---

① 　国家民委经济发展司.中国少数民族特色村寨建筑特色研究（二）村寨形态与营建工艺特色研究卷 [M].北京：民族出版社，2014.

地发展，民居营造的选址也向耕地、溪流靠近。为易于就地取材，必须具备一定植被密度的山岭，为规避野兽挑选地势较高的区域，所以黎族聚落环境中的高低架船型屋、谷仓都呈现出干栏建筑形式（图2-47、图2-48）。然而，体现其文化生态特点的民居形制并未变化，如船型屋长矩形的平面轮廓与船的平面对应而立，民居入口带有遮蔽的空间与船头操作区相对应，整体室内空间基本没有明显的内墙分隔，与船舱内的结构类似，连出入口的方位也与船一致，尤其延续了船舱未设窗的细节，较好地保留了黎族文化生态社会环境的特有脉络与含义。

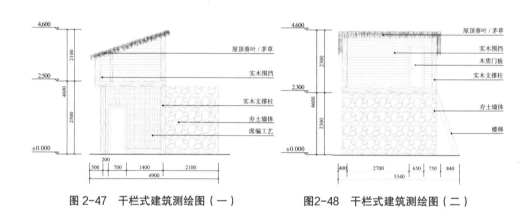

图 2-47　干栏式建筑测绘图（一）　　　　图2-48　干栏式建筑测绘图（二）

由于地处热带和亚热带，植被覆盖率高，黎族聚落出现了对多种自然物象和生物的崇拜，但其拥有3000年历史的文化生态环境没有形成体系性的宗教系统，宗教符号没有出现和影响到民居建筑，对美的追求也不像其他沿海省份的少数民族民居那样具有较为鲜明的装饰性，其特征主要体现在对船体象征性的应用及对船元素结构美的朴素追求方面。黎族从以渔猎为主到以农耕为主的转型形成了其鲜明的文化生态环境。从国内和国外少数民族民居的对比上看，黎人民居的装饰性非常简洁且特征明显，这反而成了其自成一体的文化生态环境脉络留给我们的最丰厚馈赠，简洁的结构与装饰更易于进行转译与再生，即简洁美是黎族聚落民居文化生态环境的主要特点，也是一种特殊的艺术文化品质。

原生态的聚落环境产生了诸多取自大自然的生活物料，例如很多黎村不用石臼或石杵捣米，而是对粗大的椰树根部以上1米左右的断面位置进行加工。黎族织锦的染色剂亦来源于植物加工，其纹样与黎人女性文身如出一辙，而构成文身的样式中又抽离出成为聚落民居装饰的简洁线条。环环相扣的生态掘进催生了黎人对万物的崇敬与敬畏，从崇拜自己的先祖到对石头、牛，直至无限神话的船型屋的精神寄托，折射到心理即出现了强烈的暗示效果，从海洋到陆地的聚落环境转移带来的对未知生活环境的忧虑，增强了本就深入骨髓的对船文化的深层认知，在山地营造船型屋是对安全感最恰当的"代入"，即一种心理补偿。这种对先民文化及主要生产器物的再塑造强化了黎族聚落生态环境的本源，给集中体现象征含义最深刻的民居样式的传承赋予了文脉化的模式。农耕生活的展开使得聚落文化逐步与汉族产生了更大的交集，而民居样式的融合亦构成了近代以来黎人民居一次主要的转型，其中金字屋是最主要的代表。这种民居的理性改变既符合民族交融的一般原则，又实现了黎族传统聚落原生态民居使用功能的一次实质性提升，成为一种文化生态环境的耦合。

2.5　海南黎族传统原生态民居演化的恒常与变异

黎族先民在技术水平较低的历史演进中，人为控制环境的能力逐步提高，并且通过改变民居适应环境。黎族原生态民居的演化符合建筑形式自身的恒常、变异。技术手段的滞后使得黎人对民居的认知与技艺在一段时期内得以保持，同时通过提升环境适应能力与增强技能产生变异，并不断修正发展。在干栏式民居出现的初期，为了基本生存的需要，采用具有明显高度的民居营造样式，随着生活的诸多不便，逐步将民居的高度降低，符合其聚落环境下的客观性。对海南自然环境、野兽、毒虫的防卫能力进一步提升以后，黎族民居更加向地面靠拢，直至完全落地。至此依地面营造民居的优势逐步凸显，干栏式退出黎族主要的民居形制成为原生态民居发展演化的必然结果。同理，高架的船型屋演化为以低架船型屋为主也是符合这一规律的。但船型屋的演化一直未失去其独有的船体式结构风格。

在千年的演化过程中，黎族不断受汉族建筑文化的影响与冲击，由沿海村落向海南腹地的黎族聚落扩展。越是与汉族聚居区接壤，受到汉族建筑思想观念的影响就越明显，尤其是汉族金字屋在房屋采光、通风等方面的优势，倒逼黎族船型屋的葵叶不再完全落地，出现了低矮的屋檐，但民居的船体结构样式风格未受丝毫影响（图4-49、图4-50）。当下海南诸多传统村落民居的改造多以汉族金字屋为蓝本，其经典的船型外观消失殆尽，五指山地区的高山地村落反而保留下了

图2-49 金字屋复原图（一）

图2-50 金字屋复原图（二）

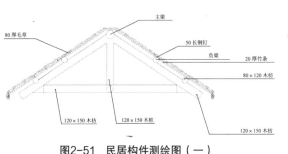

图2-51 民居构件测绘图（一）

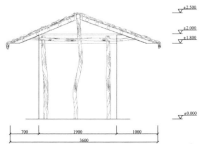

图2-52 民居构件测绘图（二）

相对完整的早期黎族民居样式。在海南东方的白查村，传统聚落村址遭到遗弃，新村中90%的建筑以金字屋为主，但老村整体保护后，村内的谷仓等功能建筑仍在发挥着重要的作用。

黎族传统聚落民居原生态的演化与南方其他少数民族民居相比较，典型恒常的是从未大面积运用榫卯结构，对不同结构细节的交接处理更多选用当地富有的藤皮或野麻皮，采用捆扎的形式固定，这类材料的优势在于可以使民居构件间的连接具有相当的弹性，对增强船型屋的稳定性和抵御极端天气的侵害有明显的助力（图2-51、图2-52）。

第3章　黎族传统聚落民居原生态保护与再生理论

3.1　建筑遗产保护中的场所精神

"对场所现象的讨论，产生场所结构必须以地景与聚落来描述的结论，并以空间和特性的分类加以分析"。[①] 诺伯舒兹把空间暗示构成一个场所的元素，将特性理解为气氛。相似的空间格局系统经过空间界面独特的设计手法，会有明显不同的效果。海德格尔认为空间是由区位吸收了其存有物，而不是由空间中获取，外部、内部关系是具体空间的主要观点。地景连续的拓展，聚落是身处其中的具体物。文丘里指出：构成一个场所的建筑群的特性，经常浓缩在具有特性的装饰主题中，如特殊形态的窗、门及屋顶。黎族聚落民居遗产所具有的传统元素就是所指的装饰主题。

"场所精神"（genius loci）源自古罗马信仰，"每一种独立的本体都有自己的灵魂，这种灵魂赋予人和场所生命，自生至死伴随人和场所，同时决定了他们的特性和本质"。[②] 描述了场所的价值来自其具有的精神属性，而精神属性对场所的驾驭与受众的感知是一个可循环的系统。具有精神的场所可以从其文化脉络中重返昔日的神采，这种与康德近似的理念使得场所精神具有了历史观层面的文化价值与体系性的"意欲何为的本质论"。历史上哲学家所理解的环境是具有鲜明特性的，他们尤为重视生活环境场所的精神意念。正如杜瑞尔（Lawrence Durrell）所说："如果你想了解欧洲的话，尝一尝酒和乳酪，品味一下各个乡村的饮食、住居等文化，你将开始体会到任何文化的重要决定因素到底还是场所精神"，可见场所精神与聚落是紧密联系的，黎族传统村落中的山栏酒和海南鱼茶就是接待

---

① （挪威）诺伯舒兹.《场所精神 迈向建筑现象学》[M]. 施植明译.武汉：华中科技大学出版社，2010.
② （挪威）诺伯舒兹.《场所精神 迈向建筑现象学》[M]. 施植明译.武汉：华中科技大学出版社，2010.

来客的宝贵礼物，但脱离村落环境去品尝则失去了原真性的感受。这种对场所的"认同感"也是构成场所精神的一个重要因素。黎人传统技艺营造的聚落场所也是由诸多节点、路径与区域交织而成的，这种有稳固的点、线、面所构成的环境脉络让置身其中的居者在心理上具有与认同感相应的安全感。对聚落进行场所性的精神塑造会使环境具有品质，注重保护黎族建筑遗产与还原其认同感和归属感，具有心理感知度的原生态环境才具有真实的场所精神。

在黎族传统聚落民居生态环境中的认同感需要以相对特殊的环境因素为依托，就像爱斯基摩人以冰屋抵御恶劣气候，日本的掌合民居以尖顶加剧雪的下落一样，黎人船型屋式民居中的很多元素也完全因与人并不和善的环境因素产生，但一旦逐步形成，这种形制反而成了黎人精神中的原真，成了真正浸入黎人生活文化脉络中的一体。这也说明黎人所处的场所环境对其是有积极意义的，并未因不利因素的存在而排斥。反观现代城市居民与环境的关系恰是阶段性而不具有延续性，可见保护的原真性必须由认同感与归属感在场所中共同作用。认同感的对象完全可以具有任何环境性质，无论是温和的还是不友善的，但大都具有一定时间的稳定性和持续性，即从生存的起点或生活的幼年即留有印记，这也是为何对传统聚落民居的保护需要在原址进行而非迁移保护。场所精神恰恰合理地利用了自然环境给予建筑场所的外在条件因素，并良好地转化为克服不利性、建构与之能和谐相处的具有艺术美的人居场所。黎居正是黎人对精神获取诉求的立足点，而黎居作为最适合的场所给予了其恰如其分的归属。

稳定的长期的聚落环境会借助自然条件在场所中孕育精神信仰，并根据经济技术的发展情况区分其信仰原始性与否。与城市社会环境一样，黎人的聚落环境也会在长期相对稳定的传承中因对自然界和未知的畏惧而产生精神崇拜，例如，墙体不开窗即源自对于鬼魅入侵的预防和规避。文身也是对场所精神的一种寄托，黎人分布琼岛，主体按照其方言进行划分，哈方言、杞方言、润方言、赛方言与美孚方言，每个方言区的文身样式与服饰、色彩均不相同，其分布的地域环境也存在差异性，不同地域场所体现出的精神形式也不尽相同。

黎族聚落环境的场所分自然场所与人为场所。自然场所首先在黎人村落选址的阶段就已经开始谋划了，水往往是自然形成的就近资源，对水势没有特殊要求，但必须常年流动。村落四周一定要有植被覆盖率较高的区域或山体，便于民居营造与日常生活中的材料获取，形成最基本的"依山傍水"的自然场所。近代以来，支撑黎族生活的主要经济作物为水稻和橡胶，黎人往往在村口开垦面积较大的水稻田，并结合地势形成梯田结构，尤其在五指山更为常见。橡胶一般多取自村边的山地，易于就近割取、晾晒。自然场所中这两种作物的区位布局形成了鲜明的对比，开阔地带中整齐的水稻呈网格状均匀分布。橡胶林则与茂密的村落周边植被相融合，看似阳光难以穿透，水稻田因灌溉需要地势较低，橡胶林则往往种植在相对高处，一高一低、一片平坦开阔与一面茂密灰暗成为黎族自然场所中原真性的基础构成条件。与埃利亚德（Mircea Eliade）的"神圣论"一致，黎人对聚落环境虽未创建，但已在其上围绕主要自然资源不断地明确方向性与认同感，例如，很多民族均将水资源视为生命的象征。一旦主要自然资源成为人们生活的中心时，便成为"神圣的场所"。

在黎族先祖迁徙的轨迹中很明显的线路是由海南四周的沿海平原向内陆山地集聚，环境的变化带来了自然场所形式的转化，但主要自然因素仍伴随黎人对场所特征的保持。海上的渔船到内陆后转化为民居样式，捕鱼的传统从大海转移至河流，这更加激发了黎人对自然资源的运用，例如，将皮筏、葫芦等作为泅渡的工具，猎取材料取自竹木，干栏民居的样式向船型屋样式的过渡等。通过对自然场所中资源的充分利用，黎族先民对擅长运用的材料赋予了"个性"，也对经验证的可威胁到自身的不能"征服"的自然因素产生了避害意识。自然场所中特有的、可理解掌握的资源为人们提供了心理上的保护，对自然场所中"认同感"的继承，帮助其顺畅地完成了环境迁移导致的场所差异适应问题，也愈发使聚落环境中的人在造物观不断成熟的过程中，体会到了自然场所赋予的内涵。

人为场所相对更加具象，当黎人对自然资源与环境进行改造，能够营建出一个生活的固定场所时，这种聚落空间或环境即属于人为场所。黎族人为场所属于典型的开放式聚落环境场所，村落四周没有建造围墙，也没有用植被标记或限定边界。这更容易使村落与自然环境形成整体，黎人非常强调与生态的紧密接触，一个开放的场所也能够通过布局的疏密体现心理上的"庇护所"作用。更多的布局特征体现在基本功能区域的划分中，由于身处热带，生活污水与雨水更加需要及时与便捷地排放，因此地势自上错落而下是黎族人为改良居住地环境时民居布局的优先思考。在相对平缓地带的黎村民居基本沿着排水明渠布局营建，甚至多排并行。在类似五指山的坡度较陡峭地带的民居则会用石块水泥等修筑纵横交错的明渠，以处理排水，尤以横向居多，再选择一到两条主要路径构筑纵向的较宽明渠。传统的黎村中人力对水源的控制较弱，主要是气候及水文的变化。直到中华人民共和国成立后才在政府支持下修建了小型的水利设施，目前入驻新村的黎人已经使用管道自来水，村址距离溪流较远，对自然界水资源的利用主要集中于农业灌溉。黎村外围多布置谷仓，形制上既传承船型屋，又体现出更多的功能属性。谷仓并排设置多个，道路连接最主要的村路，并建在地势较高的位置。在黎族人为场所环境中，聚落民居的分布体现出对场所"结构"的思维意识，其聚落与环境产生了关联，不同高度的建筑与茂密的植被交织为一个融合的原生态人为场所环境。通过黎族聚落民居，营造出具有独特场所精神的人为场所，其象征性、归属感、庇护性都凝练为自然—场所—精神中的地域精神文化根源。

场所精神也体现在黎族对原生态环境的认知和对客观环境的主观改造上。黎人先民在迁徙登岛伊始经历了以适应海南自然生态环境场所为要务的被动接受阶段，其本能与客观条件的制约需要顺应琼岛生态资源的现状，基于一种对新的热带地域生存环境场所的开发精神，逐渐对聚落环境进行了初步搭建。随着黎人进入农耕文化阶段，农耕文化中人与自然和谐共存的生态文化场所精神逐步显现，并细化了聚落民居建筑的功能与分类。随着汉族对各领域影响的不断加剧，黎族接受了生活场所与生产场所在聚落环境中区位的剥离，尤其迁移至山地丘陵地域的黎村在选址时已经优先考虑不同功能场所的划分，场所蕴含着对客观环境的接受与改造精神，进而演化出精神信仰与崇拜，并归纳为场所精神的寄托与期许。改革开放以来，社会各界愈发意识到传统民居保护与原生态结合的重要性和必要性。在对海南传统乡村进行改造的时代背景下，预见到黎族民居再生的社会综合效益不断凸显，这更加需要尊重黎人世代与原生态场所环境的和谐精神，需要全面考虑聚落原址保护—原生态场所保护—生态博物馆环境思维—原真性凝练—再生场所精神与视觉形式语言表现。场所精神滋养的千年民族文化对再生过程而言是一个多学科、跨学科的复杂程序，优化民居功能与生态协调意味着协调人与环境的开拓精神、和谐精神与场所精神。从黎族民居遗产保护中的场所精神本质来看，就是运用设计学为先导，结合生态学理论对民居建筑、技艺等进行原真性的再梳理，平衡自然场所、人为场所与传统聚落文化的重组关系，处理好建筑领域的生态学问题，影响受众对传统聚落场所的精神进行再认知，即可以在保护传统民居的载体上，将生态流理念渗入民居单体、组团、群落和文化系统等领域，将民居再生与文化再生相联系，物质循环与能量循环相协同，信息传递与视觉形式语言相协调。

从中国传统文化的影响看，黎族数千年深耕海南并不断适应与调整聚落民居环境的过程也是华夏民族"人法地、地法天、天法道、道法自然"的传统精神文脉的具体演绎。黎族聚落民居的营造理念与我国古建筑"崇尚自然"、"师法自然"的思想不谋而合，可见黎族自古作为我国一支重要的少数民族并未因琼岛孤悬海外而在造物观与文化内涵上断绝关联，如黎族船型屋民居屋顶，从内部看总体呈椭圆状，与"天圆地方"的传统认知一脉相承。琼岛的场所同时也创造出了黎族自然选择、适者生存的场所精神，在早期普及的干栏式民居的立面墙材质选择上，因地制宜地就近选材，以植物藤、树皮、树枝编织交错构成网格状骨架架构。民居屋顶的葵叶下垂尺寸及地，辅以较陡的坡度，以加速雨水降排，体现了聚落民居遗产对自然生态环境的适应性。后期出现的金字形民居，既在结构上了极大地提升了民居建筑的牢固性，同时又与传统文化五行之说的"金"相应。黎族的场所精神合理地运用了生态学的基本原理，能够在原生态环境中以人、民居、自然和聚落场所的和谐发展为尺度，有限度地利用和适时地改造自然，保护适宜聚落群体生存需要的文化生态环境，有意识地将民居建筑原生态作为一个体系性的、功能与美学相协调的整体进行营造，保护场所精神，是技艺传承之外又一个再生设计的重要基础。

透过场所精神分析聚落民居跨文化成因，营造技艺是黎人最具创造性的精神体现，任何人群都受到环境的影响与制约，黎族民居的营造技艺与我国南部邻国有很大的相似之处，泰国传统民居在形制上与黎族极为接近（图 3-1、图 3-2），且干栏式民居也是泰国传统民居的结构之一，至今仍在大量使用。泰国是海南华侨较多的国家，跨文化的人类学交流自近代就已存在，历史上受我国影响较大，行为模式与营建技艺亦受到场所精神的跨地域作用力。在黎族作为琼岛主要人口的历史时期，其聚落社会文化、生活、生产意图均以尊重场所精神的方式体现。黎族五大方言区所展现的认同性，就是对场所精神坚持和推崇的语言学表现，同时带动了文身、服饰的差异性发展，均在强调打造自身场所成为有独特意义的环境。海南并非没有使用牢固性材质构筑民居的先例，琼北火山岩民居就是一种有地域材料特色的民居类型，但由于火山岩主要分布在海南北部，采用这种材料的多为汉族世居海南的聚落群体，尤其因石材笨重、不易搬迁，不适合黎族聚落迁

图3-1 泰国传统民居（一）

图3-2 泰国传统民居（二）

徙的客观情况。场所的适用性必须符合使用者的客观条件，满足就地取材和易于营造的实际状态，体现了民居材料对黎族场所精神的影响。

保护黎族传统聚落民居原生态、对场所精神的重塑是形式基础上的文化认同。黎族传统聚落民居由其所处的场所自然环境（植被、水流、地势山形）等外在因素制约，首先应对聚落村寨的周边环境进行恢复性保护，例如，海南昌江黎族洪水村的传统民居紧邻不足 10 米就有一条深约 2 米、宽近 3 米的河床，在第一次进村考察时就已断流，不久彻底干涸。对于此类聚落环境中的生态因素可通过疏浚等诸多手段进行干预，助力资源生态资源的恢复。海南黄花梨木因商业价值的过度索取而消失殆尽，可通过花梨树苗的栽种逐步恢复，并结合设计手段与保护意识的宣讲，达到呵护幼苗成材的目的。虽然海南黄花梨成材年份过久，但成林种植的阶段本身就是生态修复过程中的一个自然景观，能够让社会受众了解黎人先祖采用黄花梨为主材营建民居的生动场景，并与已经残破后裸露木结构的民居形成比对认知关系，起到传导效应。不能单纯用现代材料进行维修，必须对不同破损度的民居做不同的保护性工作，例如，海南东方俄查村老村址在跟踪调研的10 余年时间里，经历了由聚落繁盛到几乎彻底灭失的过程。目前旧村中仅剩 10余间尚能辨识的未坍塌民居，"物尽其用"也应适用于黎族民居保护，这类民居本身就是展示黎族村民搬离后快速消亡的鲜活案例，对于近乎坍塌的民居，可以通过加固主结构发挥其宣传价值。从海南聚落民居生态文化上讲，生态建筑人类学是以设计学、艺术学、建筑学及生态哲学为依托，将一种改造场所精神的世界观与方法论用于黎族生存空间环境、居住环境的综合学科。能够建立在生态学的多元思维基础上，将黎人与自然的关系视作共生的整体，没有共生的基础，无法谈及保护之后的再生。黎族生产生活的场所与原生态自然体系是一个不能拆分的系统，黎人是最具主观能动性的核心决定因素，人与自然生态之间的和谐适应就是"天人合一"、"天人感应"宇宙观的体现。

3.2　传统聚落民居建筑保护策略

黎族传统聚落民居当前正处在一个急速消亡的阶段，相当比例的黎族村落已经搬迁新址，多数旧村不再使用并自生自灭。其消亡的原因主要有两种：一是自然破坏，海南地处热带，阳光炎热、紫外线强烈，台风、暴雨和热带害虫都是自身地域特有的自然破坏因素，另外，气候潮湿带来的原生态材料腐烂等也加剧了传统聚落民居的破损程度；二是人为破坏，主要来自大范围的乡村改造建设，虽然通过现代技术实现了居住的安全与舒适，但同时也拆毁了传统民居。

法国在 19 世纪大革命后着力修复破损教堂，关注历史价值显著的文物建筑。维克多·雨果在《巴黎圣母院》表达了对建筑遗迹保护价值的观点，"忽视中世纪遗产的法国人无比愚昧，任由这些遗产一点点倒塌，甚至还动手毁坏它"。[①]勒·杜克对"修复"做出了自己的诠释："'修复'一词，以及修复活动本身，都属于现代事物。要修复一座建筑，并不是去保存它、修缮它，或是重建它，而是把它恢复到完完整整的状态"[②]，最为适宜的是总结出建筑遗迹应遵循"加固优于修缮，修补优于修复，修复优于重建，重建优于装修"。[③]同样在 19 世纪，受到法国修复运动的影响，英国也展开了对本国历史建筑的修复与理论研究。乔治·吉尔伯特·斯科特爵士认为："修复应该保存所有那些标示着建筑的形成过程和历史演变的种种样式和不规范、不一致之物"。[④]英国在同一时期出现了较有影响的"反修复运动"，代表性人物为艺术批评家约翰·拉斯金，他认为"即

---

① 薛林平.建筑遗产保护概论[M].北京：中国建筑工业出版社，2017.

② （德）汉诺·沃尔特·克鲁特夫.建筑史论——从维特鲁威到现在[M].王贵祥译.北京：中国建筑工业出版社，2005.

③ （芬兰）尤嘎·尤基莱托.建筑保护史[M].郭旃译.北京：中华书局，2011.

④ 薛林平.建筑遗产保护概论[M].北京：中国建筑工业出版社，2017.

使是最忠实的修复，也会对建筑承载的历史信息的唯一性与真实性造成破坏"。①
意思是说，建筑受内外因影响的消亡是应该尊重的客观规律，最大的干预仅为
日常的维护。在这一思想的作用下，当时英国的诸多传统建筑未做任何工艺修
复，只在建筑表面附着适量的植被并于原地原位严格保留建筑的砖石等构件。
1877 年，英国古建筑保护协会成立，该协会发起人莫里斯发布了"古建筑保护
宣言"，如"为了这些建筑物，各个时代、各种风格的建筑物，我们抗辩、呼吁
处理它们的人，用保护替代修复，用日常的照料防止败坏，用一眼就能看出是
为了加固或遮盖而用的措施去支撑一道摇摇欲坠的墙或者补葺漏雨的屋顶，而
不假装成别的什么"。②宣言的内容对 20 世纪的建筑保护提供了有益的借鉴。在
意大利，虽然也经历了修复与保留的争论，但折中地提出了"文献式修复"，代
表人物博伊托认为建筑保护应似历史文献，构建的每一部分都折射着历史。笔
者十分认同他提出的又一观点"原作与新修部分材料的可辨识性原作，建议修
复最小化，并建议明确地标示出所有新的部分，标示的方法可以通过使用不同
的材质、标明时间，或采用简单的几何造型"。③19 世纪西方的建筑遗产保护主
张不完全适合我国黎族传统聚落民居的原生态保护，首先，在建筑材料上，欧
洲建筑多为石材，而黎族建筑多为木材等；其次，在建筑所处的位置上，西方建
筑多矗立在主要的政治、经济、文化中心城市，而黎族民居建筑遗产多在相对
偏远的乡村地区；最后，在社会发展阶段模式上，欧洲有漫长的中世纪和时间相
对宽裕的现代文明周期，而我国近 30 年发展十分迅猛，不同地区的综合发展情
况差异明显，以黎族聚落环境为主的省份在经济、文化上与我国内陆省份差距
较大，完全的保留保护模式与追求高度复原的修复模式都不适合黎族传统聚落
的客观情况与保护发展现状的需要。

　　进入 20 世纪，人类经历了两次世界大战，对建筑的破坏尤为严重，传统的
经典建筑无论是地标建筑还是民居建筑都受到了较大程度的损毁，也影响到了建
筑遗产保护思想理论的再次升华。我国在 20 世纪末承办并参与制定了《保护和
发展历史城市国家合作宣言》(苏州，1998 年)和《北京宪章》(北京，1999 年)。
实际上自二战结束至今，国际上先后出台了百余件与建筑遗产保护相关的文件，

① 薛林平. 建筑遗产保护概论 [M]. 北京：中国建筑工业出版社，2017.
② 陈志华. 文物建筑保护文集 [M]. 南昌：江西出版集团，2008.
③ （芬兰）尤嘎·尤基莱托. 建筑保护史 [M]. 郭旃译. 北京：中华书局，2011.

建筑遗产保护呈现出多元化和百花齐放的态势，例如，《内罗毕宣言》对历史地区内生活环境的组成部分进行保护，《华盛顿宪章》强调环境对历史城区、地段保护的真实性作用，《乡土建筑宪章》凸显了人类情感影响因素中乡土建筑遗产的价值，并明确提出了乡土建筑保护的内涵。这些不断丰富和细化的遗产保护文件将建筑遗产的范畴从经典建筑向乡土建筑、民居建筑和场所概念的环境延展，我国黎族传统聚落民居的原生态保护同样适用于建筑遗产保护的相关思想、理论及大背景。尤其建于半个世纪前，甚至不足 30 年的建筑都有进入世界文化遗产名录的案例可循（巴西利亚），世界学界的普遍共识在于，随着建筑遗产保护内容扩展到一般、多样的历史建筑，保护的形式也从博物馆式的保护方式过渡到全面、灵活、综合、审慎的方式，更加强调建筑遗产的再利用。这意味着对不同地域的历史文化、乡土建筑遗产进行再利用，即再生，成为新时代下我国同样重视并不断探索的跨学科研究新领域。

　　我国对于传统建筑遗产的保护具备近现代标准导向的文件始于清末的《保存古物推广办法》，后来的北洋政府、民国政府均有相应的保护文件出台，对保护古建筑起到了一定的作用。20 世纪 30 年代，出现了一批非常具有代表性和对后世起到引领作用的先辈，如梁思成、刘敦桢、林徽因、朱启钤等，尤其是梁思成先生对我国古建保护的实践与理论至今影响颇深。例如，《蓟县独乐寺观音阁山门考》中"保护之法，首先需要引起社会各界的关注，使人们知道建筑在文化上的价值；而此种认识及觉悟，固非朝夕所能奏效，其根本乃在人民教育程度之提高"。① 既强调了建筑的文化价值，又对教育于建筑人文环境的基础作用给予了界定。先生近百年前的论点于当下仍受用不尽，以黎族传统聚落民居保护为例，西方近现代的保护之法有诸多不适宜我国之处，我国社会经济快速发展，短短 30余年即走完了西方百年历程，在生活大幅提升的同时，人们对传统建筑的保护意识也有了质的提升，但实际发展并未完全与经济上升指数同步，无论是拆旧建新还是保存现状都不符合自身实际，传统聚落民居的保护是无法彻底脱离社会综合发展现状的，如不能使保护对象或再生对象与周边社会及人群的生活发生具体的实际关联，仅靠灌输保护意识令受众认同，是难以被大众接受的。

　　对经济欠发达地区的传统聚落民居原生态保护不能孤芳自赏，良好文化的传

---

① 梁思成.《梁思成全集（第一卷）》[M]. 北京：中国建筑工业出版社，2001.

承在一定程度上有赖于经济环境的健康与否，因而不能使保护与再生的结果绝缘于所处社会的环境与受众，那么自然也要兼顾所处社会环境中的受众认知，既包含地域人群对保护行为准确性、完整性的认同，又需要其对再生原真性的认可与接受，否则欲传播地域文化更加无从谈起。北京交通大学的薛林平教授在其著作《建筑遗产保护概论》中谈及，梁先生的文章在与法国"风格修复"比对时提到的"我国传统的建筑修缮理念与西方的风格性修复理念有诸多相同之处：追求建筑的完整性，注重恢复原状，或多或少忽视真实性"。[①] 其中的"或多或少忽视真实性"更加符合因地制宜的灵活保护策略，即不脱离保护对象所处环境的综合状况与人群意识实际。不同地区的发展情况千差万别，保护对象的适宜性与环境中受众的认同感也相应存在明显差异。因此，"或多或少忽视真实性"是根据保护对象具体所处地域及社会环境采取不同标准的保护原则，尤其在把握再生对象的设计原则时更应灵活多变，不拘泥于某一程序化标准，因时因地，适合保护对象长期存留，并在保护结果与环境相得益彰、被地方人群认同的基础上，尽可能地使再生效果融入地方社会经济、文化的各个领域，发挥其不同历史阶段的社会价值，才是适合国情或是符合黎族传统聚落民居原生态保护与再生的方向原则。我国在 1960 年通过了《文物保护管理暂行条例》，将体现历史、艺术与科学价值作为遗产价值的判断标准，明确其范围包括"反映各时代社会生产、社会生活的代表性实物"，并提出将遗产保护纳入所在城市的规划，同时要求对保护对象"必须严格遵守恢复原状或者保存现状的原则，在保护范围内不得进行其他的建设工程"，这为后期注重文化遗产的环境综合保护奠定了重要的前期基础。近 20 年来，国家城市与乡村建设日新月异，但建设发展与传统建筑民居保护之间的矛盾愈发激烈。对于乡村聚落民居而言，很多建设的盲点与对保护的误读造成了新的"建设性破坏"，很多被"保护"民居建筑的承重柱外漆刷得油亮，丧失了基本的感官认同度。剥离聚落民居遗留的历史信息注定会丧失文化传承载体的价值，古为今用的思想意识才是保护与再生的基本出发点。再生海南黎族聚落所体现的场所品质是自然生态与文化信息之间有意义的纽带联系。保护不同地域的传统民居文化精髓需要顺应具体情境，而民居的基础人文环境、生态环境就成了更为广泛的保护涵盖要素。很多地域传统民居具有朴拙的简单性，保护其因循对自然生态传

---

① 薛林平. 建筑遗产保护概论 [M]. 北京：中国建筑工业出版社，2017.

递出的亲切性是原则之一。将黎族聚落民居视作一个场所中蕴含的原始力量，感受到其创所精神的存在，会更好地把握保护的规律与原则。我国可以借鉴的案例中都运用了科学的理念，以充分的研究考证为保护的基本原则，基于修旧如旧的经验，适当利用保护对象，融入社会的整体价值和周边文化生态环境中，同时适应并努力得到普世文化价值观的认同，寻求美学标准的共识。

进入 20 世纪 80 年代后，社会各界愈发意识到对建筑遗产的保护不应局限于建筑本身，而是要扩展到其所在街区，乃至所在城市的整体环境中去思考，逐步地意识到建筑的保护需要考证与综合环境的关系。1982 年的《中华人民共和国文物保护法》提到："保护为主、抢救第一、合理利用、加强管理"，将对传统建筑遗产的利用提到了一个新的高度，为今天传统民居的保护和再生设计之路提供了适时的纲领性文件支撑。1986 年的文化部文件也规定了"不改变建筑文化遗产原状"的指导意见。直至 20 世纪 90 年代末，各界基本形成了对于保护对象点、线、面一体化综合度量思考、定位的良好意识，即以保护的建筑对象为出发点，结合建筑所处的周边环境、街道等环境，与城市文化的发展定位相结合的三位一体的趋势开始显现。值得一提的是，2005 年古都西安召开国际古迹遗址理事会，发布了《西安宣言》，这是在我国召开的一次建筑文化遗产保护领域的盛会，所形成的共识更加明确地确立了建筑文化遗产中环境场所保护的方向与准则。在同一时期，海南省结合国家大的新农村改造与少数民族安居工程，危房改造项目在黎族各个主要聚落区展开，或是通过在新村址基础上以现代建筑标准设计、选材施工，或是在原村址基础上彻底重建新民居，黎族传统聚落民居的记忆逐步消失。2008 年，国务院颁布了《历史文化名城名镇名村保护条例》，明确规定了"应当遵循科学规划、严格保护的原则，保护和延续其传统格局和历史风貌，维护历史文化遗产的真实性和完整性"，与此同时，海南省住房和建设部门也相应举办了多次针对黎族、苗族等少数民族的农村民居改造设计竞赛，获奖作品结集印刷后下发各市县住建部门，用以指导当地的新农村建设与民居改造。

关于全国范围内建筑遗产的保护原则，学界对具体尺度的把握有不同的观点，一方面认为应完全依据现状，参考相关资料文献采用"倒推式"保护原则；另一方面主张追溯到保护对象的本初形制进行最为彻底的保护。这些其实都是主要以"真实性"的尺度问题所进行的探讨。具体到黎族传统聚落民居原生态的保护原则，应充分做好三个领域的调研与结合，第一个领域是：对黎族传统聚落民居相关文献的全面查阅,同时对现有聚落民居遗存进行详细完整的测绘,比对分析黎族民居文献中的演化情况、体现形式、与现存样式的区同情况。第二个领域是:比对分析文献中黎族传统聚落民居产生与流变的外部环境变化情况、人为影响情况,梳理出一定的内外因作用,同时主要针对聚落民居现状的环境情况进行重点调研分析,对外部的自然生态环境情况与内部的人文思想情况的客观性做出记录。第三个领域是:调研思考传统聚落民居所处的位置,与乡镇、城市的区位情况,黎族聚落群体民众对传统民居保护准确性的认可度体现点,黎族聚落所依附的海南主要城市居民对保护的认知及现实价值的期待等。黎族传统聚落民居的原生态保护原则需要充分地结合自身的客观实际情况,认清自身保护与内陆省份聚落民居保护原则处理时的主要差异性。只有充分发掘自身独特性,充分结合三个领域的保护研究主旨,综合进行保护民居对象的环境分析,才能使保护的目的性与原真性的效果在其生长的环境中得到普世标准的认同,得到所在地域环境中黎族民众与社会各界的接受与认同。"合理利用"对于黎族的传统民居而言,首先不具备一般意义上的城市内建筑遗产利用条件,即所处场所多为相对偏远乡村。而单纯形式上的修缮无法从旅游经济角度带来足够的遗产文化吸引力,也缺乏更具价值的艺术文化教育意义。从世界文化遗产保护与利用经验看,保护的完整性相对更易在乡村聚落场所内得以实现,或在乡村聚落民居保护中以完整性为基本原则,于原生态民居的"发生地"来说,完整性也更易于实现,这也符合黎族村民对于传统建筑的文化认同感。而从真实性的文化多样性视角看,在原生态聚落环境以外的场所再生传统民居时,原真性的保护原则更具可行性(表 3-1)。在城市等公共场所环境中再生黎族传统民居,不可能忽视或回避现代场所精神中的文化多样性,而在文化多样性的环境中,把握黎居原真性原则可以在满足再生建筑文化精髓的同时,实现场所精神的融合,获取更多受众的文化认同感,完成现实价值的有效传递与利用。

真实性的各个方面[①]　　　　　　　　　　　　表 3-1

主要大类	位置与环境	形式与设计		用途与功能	本质特性
具体体现	场所	空间规划		用途	艺术表达
	环境	设计		使用者	价值

① 薛林平.建筑遗产保护概论 [M].北京:中国建筑工业出版社,2017.

续表

主要大类	位置与环境	形式与设计	用途与功能	本质特性
	"地方感"	材质	联系	精神
	生境	工艺	因时而变的用途	感性影响
具体体现	地形与景致	建筑技术	空间布局	宗教背景
	周边环境	工程	使用影响	历史联系
	生活要素	地层学	因地制宜的用途	声音、气味、味道
	对场所依赖的程度	与其他项目或遗产地的联系	历史用途	创造性的过程

（资料来源：建筑遗产保护概论）

可以在五个方面具体把握黎族传统聚落民居原生态保护的规律：①尊重传统聚落民居演化过程中发生的变化与调整，通过文献分析与现状遗存调研、测绘掌握民居过往的演进规律，基于传统民居现状的基础上准确定位各个不同阶段的印记和特征。②尊重黎族传统船型屋民居营造技艺，对传统营造技术规律、选材规律及手工技艺规律等进行总结。③尊重场所精神的规律，深度探求传统民居与所在场所之间的文化生态构成脉络，及时总结梳理保护场所中对人文信息、历史信息的有效传达效应。④尊重原真性在场所环境中的保护价值规律。灵活把握原真性保护中的相对性，区分保护对象在原址与再生不同环境中的完整性与原真性差异，准确提炼传统民居原真性的精髓特质。⑤尊重传统聚落民居场所与所在区域、城市的连带文化耦合性。保护民居对象的方案尤其是再生民居的方案，都应充分结合所在区域与城市的地域文化特性，保护方案须考虑到民居保护行为本身的文化属性，保护与再生方案须构建"民居（点）—所在区域（线）—归属城镇（面）"三位一体的脉络关系。综合区位对于保护本身的影响作用，整合文化资源。

体现原则与规律的过程首先是处理可恢复的部分，恢复黎族传统聚落民居结构中出现的变形或错位，基本丧失原有支撑作用的部分，恢复因潮湿而腐烂的葵叶和茅草，加工村落周边的成材树木，加固民居内承重梁及衔接结构中人为破坏或自然损坏的构件，此外，对聚落环境场所内群体使用的具有文化价值的物品进行修补（如残破水井、大型农具、大型牲畜圈、饮水饲料槽），修补时采用原造型、规格、尺寸和工艺，对黎族聚落村庄周边植被、水系，桥梁中荒芜、堵塞、坍塌的部分进行移栽和疏浚，对主要功能性建筑（如谷仓船型屋）的门、墙体、基座石、横梁、屋顶葵叶等主要部件进行破损材料更换处理。采用草根与黄泥搅拌后刮抹的方式处理墙体表面的破损，遇墙体内部支撑结构网架破损时需要大面积地清理所在墙面区域，更换折断树干，重新捆扎，恢复表面效果（图3-3、图3-4）。

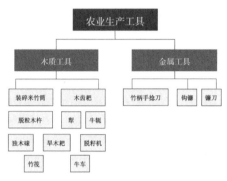

图3-3　农业生产工具分类图

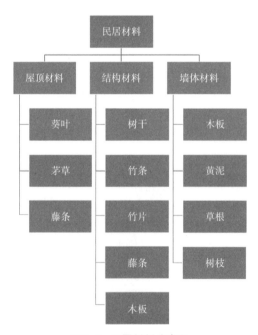

图3-4　民居材料分类图

在场所精神氛围营造方面，除了原始人造器具外，还需要多方面考虑自然环境因素，除了真实的地形地貌特征，植被种植种类也是必不可少的重要考量因素之一。在对多个黎族原始聚落自然环境实地考察后，归纳出了翔实的黎族聚落周边植被种类，大致可分为以下四类：

①自然生长植物：这类植物数量最多，种类繁复，能够最为真实地体现黎族原始聚落的自然环境，此类植物在聚落生态层面可以助力感官，提升环境的真实性和聚落场所的还原度。

②经济类作物：黎族先民有以物易物的习俗，经济类作物是不可或缺的物品之一。即使是今天，橡胶、槟榔、甘蔗、黄花梨等仍是黎族村民赖以生存的经济作物，此类植物的有计划种植，能够从历史耕种文化和现实生活两方面共同呈现黎族聚落的原始生活状态。

③水果类植物：水果类植物作为黎族先民的日常食物，在一定程度上反映了黎族同胞与自然环境的适应性以及农业种植技术，此类植物还具有一定的经济价值。水果类植物有着果实形态各异的特点，尤其是在海南热带岛屿气候条件下营造出多层次的视觉效果，同时反映黎族先民的生存智慧，还能以多样性的果树种植增添原始聚落的生机感。

④景观类植物：黎族先民并没有在主观意识上对景观类植物产生明确的种植动机，而热带植物的特异性和多样性是整个聚落生态环境中不可或缺的组成成分，尤其是此类植物在体量、形状、高低等方面均体现出极强的地域特色，通过对它的有效搭配运用，能够从美学角度为黎族原始聚落带来不同于其他地域性聚落环境的视觉美感。黎族原始聚落环境中的植物详情如图3-5所示。

对于最能代表黎族传统聚落民居艺术精髓的船型屋，大多本着最小干预的原则进行处理。传统船型屋民居的外观结构相对简单，因此一般情况的破损在较短时间内即可复原。但民居内部的保护难度相对较大，尤其是墙体与屋顶，墙面由草根黄泥搅拌而成，室内屋顶由树干编织成的网格支撑与葵叶组成，目前传统民居多为空置状态，难以避免潮湿带来的内部腐烂，这也是人类学领域中对传统民居保护的一个难点，保护的物质对象是建筑，但很多情况下，缺失了使用者的保护或日常维护是难以尽善尽美的。面对可开窗通风、更加坚固、更具舒适性的新民居来说，剥离传统民居的使用价值难以避免，活化的原生态聚落状态再现难度不断加大，相较民居本身，人文的原生态保护更加难以把控。在五指山的什寒村，体量较大的船型屋民居被改为供游人休憩的茶馆，使用功能发生了变化，但形制和外观未发生变化，在目前偏远的黎族村落中已属难得。综合来看，黎族传

图3-5　植物分类图（一）

自然生长植被			

（13）名称：朱蕉	（14）名称：黄婵	（15）名称：接骨草	（4）名称：节节草
形态结构：直立灌木植物	形态结构：直立灌木植物	形态结构：高大草本或半灌木	形态结构：多年生草本

经济类作物			

（1）名称：槟榔	（2）名称：孝顺竹	（3）名称：橡胶	（4）名称：蒲葵
形态结构：棕榈科常绿乔木	形态结构：禾本科刺竹属植物	形态结构：大戟科大乔木	形态结构：多年生常绿乔木

（5）名称：甘蔗	（6）名称：海南黄花梨	（7）名称：椰子	（8）名称：烟叶
形态结构：单子叶实心草木	形态结构：椭圆形黄檀属乔木	形态结构：棕榈科植物	形态结构：草本，茄科植物

图3-5 植物分类图（二）

图3-5 植物分类图（三）

水果类植物

（9）名称：黄皮	（10）名称：龙眼	（11）名称：木瓜	（12）名称：芭蕉
形态结构：芸香科小乔木	形态结构：龙眼属常绿乔木	形态结构：常绿软木质小乔木	形态结构：多年生草本植物

景观类植被

（1）名称：旅人蕉	（2）名称：黄苞蝎尾蕉	（3）名称：红花羊蹄甲	（4）名称：凤凰树
形态结构：旅人蕉科植物	形态结构：叶大花美芭蕉科	形态结构：阔心形常绿乔木	形态结构：落叶乔木

（5）名称：扇叶露兜树	（6）名称：龙舌兰	（7）名称：佛甲草	（8）名称：簕古子
形态结构：露兜树属常绿灌木	形态结构：科单子叶植物	形态结构：多年生草本植物	形态结构：常绿灌木或小乔木

图3-5 植物分类图（四）

统民居的外观保护主要集中在材料与工艺方面，其外观形制的可辨识性强、结构简易、弧线感强，未明显使用榫卯方式，使这一营造技艺虽无文字却能代代相传。

黎族传统聚落民居属于乡土聚落的范畴，2005 年《国务院关于加强文化遗产保护的通知》明确提出"把保护优秀的乡土建筑等文化遗产作为城镇发展战略的重要内容"①；《中共中央、国务院关于推进社会主义新农村建设的若干意见》指出"村庄治理要突出特色、地方特色和民族特色，保护有历史文化价值的古村落和民宅"。②各级政府与社会力量逐步认识到乡土建筑对地域性文化的意义和潜在的产业价值，意识到尊重黎族传统聚落文化价值与特色的重要性，很多村镇打造了以黎族风格为特点的文化产业项目，但对合理保护其传统聚落民居原生态的适宜方式却莫衷一是。这就必须理解保护的相对性问题，即根据客观情况对黎族传统聚落认知的变化、发展的变化与尊重传统民居现状之间相平衡的问题。黎族传统聚落民居的发展不是一成不变，也不是毫无章法的，对待出现的系列问题，需要谨慎地分析保护的原则与规律，意识到保护不单是处理某一间黎居单体的个案问题，而是需要将保护单体对象设置于所处民居群落和整体村落中，综合判断乡土性和文化原真性的把握原则。对于黎族聚落环境中的乡土民居建筑而言，村落周边环境的自然生态景观与民居艺术文化之间的连带性，以及保护过程中恢复和修复有形与无形的综合文化生态环境是不能忽视的。尤其在保护原则中应意识到可持续性保护的最佳方案并不是完全依靠政府资源，而是建立有效的整套文化保护体系，其中传统聚落民居是核心，但一定要尝试构建可持续保护的方案，这也是一个多学科领域交叉、融会贯通的知识体系。

目前我国对传统聚落保护的"国家指导原则"有两个主要体系，分别是住房和城乡建设部颁布的 2010 年《中国历史文化名镇名村评价指标体系》与 2012 年《传统村落评价认定指标体系》。对这两个体系内核的分析与判断，可以进一步系统认知黎族传统聚落民居原生态保护原则与规律的重点范围。

对照《中国历史文化名镇名村评价指标体系》的分项指标，作为黎族传统聚落民居典型代表的船型屋营造技艺于 2008 年列入《国家级非物质文化遗产代表

---

① 薛林平. 建筑遗产保护概论 [M]. 北京：中国建筑工业出版社，2017.
② 薛林平. 建筑遗产保护概论 [M]. 北京：中国建筑工业出版社，2017.

性项目名录》，集中反映了黎族地区建筑文化和传统风貌，扮演了"重要的职能特色"，与谷仓建筑一样，都具有独特的空间格局和功能特色。在规模上，不同区域的黎族传统村落建筑面积达到了 2500—5000 平方米。对于黎族聚落民居而言，急需解决的难题是核心保护区原住民的比例问题。目前保存较好的几个原生态黎族聚落环境中，村民已搬迁至新村居住，除了日常巡护和收获季节晾晒谷物外，少有原住民活动，保护效果非常有限。保护的主要目的在于利用，"对历史建筑、环境要素登记建档并挂牌保护"，"对居民和游客建立警醒意义的保护标志"，此类保护措施的前提是人，需要吸引受众对黎族宝贵的艺术文化遗产产生关注。因此对于黎族传统聚落民居的保护原则，必须同时紧紧把握有形的民居物质化保护与无形的民居文化价值认知性、认同感精神化保护两个方面。至于资金方面，也不能单纯依赖"每年用于保护维修资金占全年村镇建设资金比例"的政府行为，需要在保护的过程中合理利用，通过合理利用产生的资金实现可持续保护的良性循环。此外，笔者对黎族传统村落的渔猎工具和手工艺器具进行了归纳整理（图 3-6、图 3-7）。

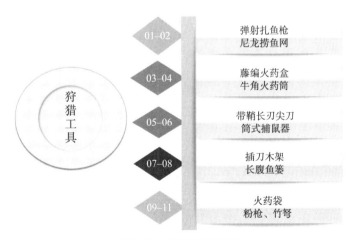

图 3-6　狩猎工具分类图

　　在《传统村落评价认定指标体系（试行）》中，概括性地给出了保护的原则与规律。其中黎族传统聚落传统民居在"稀缺度、完整性、工艺美学价值、协调性、丰富度、传承人"等保护原则中具有明显的特征与优势。黎族是海南最早的"原住民"，其聚落民居具有唯一性，与国内其他少数民族民居的差异性明

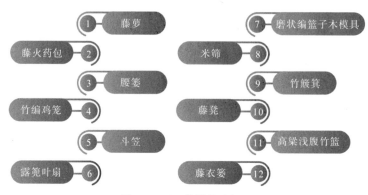

图3-7　手工艺器具分析图

显，且自身具有鲜明形制特点与极强的可辨识性。在部分使用的黎族民居中，建
筑的完整性，尤其是周边环境的原生态状况保持良好。聚落中现存传统民居的造
型、结构、材料、装饰等极具浓郁的地域性风格特征（图3-8—图 3-11）。黎村
与周边优美的自然山水环境具有和谐共生的田园风光式协调关系，因地制宜、就
地取材使黎居建筑与自然环境完美地交融共生。在黎族传统村落中，大量优秀的
非物质文化遗产得以传承，例如，黎族织锦不仅是国家级非物质文化遗产，2009
年还被联合国列入世界非物质文化遗产名录。对我国棉纺织业做出巨大贡献的历
史人物黄道婆就是在海南向黎族先民学习该项技术并向内陆地区传播的，因而黎
锦在传统聚落场所中具有独特的人文价值与关注度。再如，制陶、骨簪、文身等
诸多黎族智慧的技艺传承构成了其非遗领域丰富度的优势基础。船型屋营造技艺
省级传承人，黎族织锦国家级、省级传承人等都成了难得的活化石。然而，黎族
传统民居保护在对标"国家标准"时存在明显的困难，例如，虽然黎族村落的传
统结构简单，易于营建，但现存聚落不易得到长期保护，存留的原生态民居均
不超过百年。这对于试图通过设计构建黎族传统聚落生态博物馆系统，进行可持
续保护来说具有一定的挑战性，但通过充分的文献资料分析，是能够结合古籍相
对准确地还原不同历史时期代表性民居特征的。与"核心保护区原住民比例"类
似的另一个问题是"实体民居传承的活态性"，由于黎族传统聚落民居仍维持居
住状态的数量过低，民居与黎人一体化的状态呈撕裂态势，纯粹对民居物化的
保护已无法完全实现聚落形态的整体保护，这也正是保护并再生的最主要的原
动力。

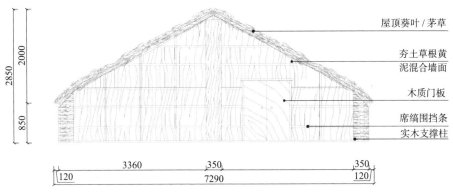

图 3-8　黎族传统民居测绘图（一）

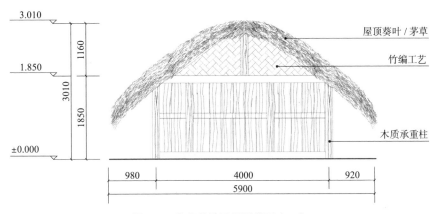

图 3-9　黎族传统民居测绘图（二）

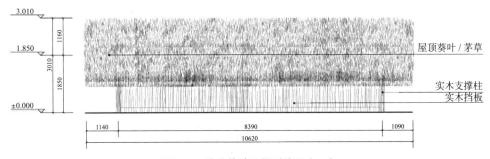

图3-10　黎族传统民居测绘图（三）

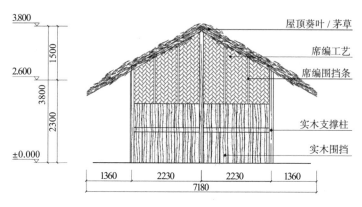

图3-11 黎族传统民居测绘图（四）

3.3 再生中的建筑意义重构与模式转换

"再生"一词在生物学上是指机体的一部分在损坏、脱落或截除后重新生长。"生土民居的再生不是现有生土民居低水平的简单重复，而是指在发掘和继承传统生土民居建筑的生态经验后，以现代建筑技术解决阻挠生土民居存在、发展的顽疾，使生土建筑再次焕发青春"。① 近 10 年来随着生态与建筑的关联不断强化，生态学的很多理念，从仿生造型、仿生材料到对设计模式的影响愈加深入。1964年，美国景观大师劳伦斯·哈普林创造性地提出了"建筑再循环"理论，该理论的主要内容是："再循环不同于保存或修复，修复是尽可能地维持既存结构原来的面貌，而再循环是功能的改变，是调整内部功能与结构，再改造成为符合新功能的建筑空间"。② 这是与当前再生设计概念的解读十分契合的描述，强调再生设计构建的循环过程需要具有创新的功能性。约翰·莱尔（John Lyle）等人提出了再生设计理论（Regenerative Design），强调再生是传统设计进入新状态的阶段，运用具有进化意味的思维模式。"再生"在日语中也具有建筑功能价值再生的含义。

在黎族传统民居建筑场所中，"再生"意味着在民居局部的自然老化、破损以及剥离使用功能的状态下重塑其具有原真性的建筑结构，延续使用功能，保持原有船型屋的鲜明形制特征与易于辨识性。通过对设计内涵的转译，发挥其现实

---

① 李延俊. 传统生土民居生态经验及再生设计研究 [D]. 西安：西安建筑科技大学，2009.
② 郭晶晶. 旧工业建筑改造与文化展示空间的再生设计研究——以坦克库现代艺术馆改造设计为例 [D]. 重庆：四川美术学院，2018.

社会价值、文化价值与经济价值。与生态学上重生的区别在于,黎族民居的再生不仅是保护遗存建筑的复原,而且具有新的视觉语言价值与功能,是传统聚落民居文化精髓的活化与延展。

黎族传统聚落民居原生态保护的内涵,根据保护原则区分为民居现状遗存的物质化保护与对民居合理利用的再生性保护。再生性保护的基础首先在于建立对传统民居观念的再认识。黎族传统聚落民居的发展演化体现了一部分人对自然环境的改造与驾驭,这符合大多数建筑以人为本的造物思想。从民居看黎族造物观,可以判断出就地取材、因地制宜的朴素观念,同时秉承船型屋民居所传递出的对先民生存的主要工具器形的崇敬与所造物适应环境条件的结合。人类祖先出于生存,对自然索取是无可厚非的,以自然材料营建原生态民居并形成聚落文化生态环境的演进更加具有地域文化的独特性,反映在民居营建中是以自然生态资源为本,满足聚落群体生活所需的生态发展观。应充分保留黎族人本主义中独特的功能形式,保留其朴素的造物观(图3-12、图3-13)。黎族民居较好地表现出对自然秩序的尊重,师法自然,具有浓郁的地域环境资源特征,是一种适度利用资源的可持续营造技艺,为民居建筑再生设计构建了完整性的生态系统。黎族传统聚落环境有其赋予的场所精神,再生民居的场所也需根据不同的环境做出不同的理解与诠释。

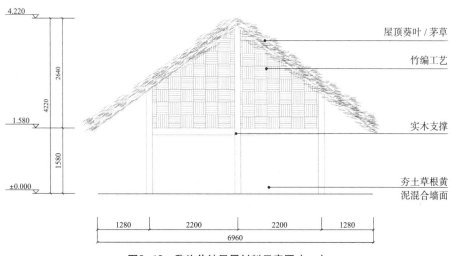

图3-12　黎族传统民居材料示意图(一)

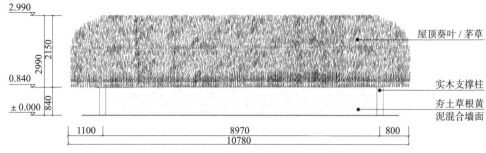

图3-13 黎族传统民居材料示意图（二）

1. 在聚落环境原址场所中的再生

传统黎族聚落民居原生态环境中的再生对象既可以是遗存民居本身，也可以是废弃、破损，甚至近乎坍塌的民居。再生的目的是合理地利用，对不同状态下的民居要有统一的指导思想。对于遗存状态保存良好的民居需以明确的使用功能作为再生目标，对于废弃、破损的民居须依据实际状况，结合再生技术难度与复杂性，赋予其全新的功能价值。而两种情况的定位必须统一在对聚落环境整体的再生定位中，以生态博物馆概念下的聚落民居再生为例，不同位置的民居单体或民居群承载不同功能，大部分民居可本着以保护为主、保养为辅的方法进行处理，展现原生态传统聚落民居原真性的完整传递效果。对少部分民居则需根据生态博物馆的综合性再生功能价值，结合民居比例尺度与功能需求形成单体建筑的再生目标，本着原始结构努力保持完整，局部空间植入功能性造型与设施的方式完成再生功能需要。对废弃、破损的民居可借助其清晰可辨的现状，充分发挥"遗迹"的说明性价值，在必要维护、有限阻隔的处理后，形成以自然破损下民居状态的"活化"展示，提升并丰富再生对象的历史信息价值。在传统聚落原址的再生设计中，应以保护主体民居建筑的结构与形制不发生明显变化为第一要务，不可本末倒置，实现再生定位功能价值是目标，但须服从保护民居主体客观真实性的前提。

2. 在聚落环境原址场所以外的再生

在乡镇街道、城市公共空间中进行黎居再生，需要综合考虑多个主要因素。首先，以满足可识别性的基本标准对黎族传统聚落民居形制、结构、材质的原真性进行提炼，这种情况下黎居相对简洁的营造特点成为易于提炼的优势。基于所在场所的功能定位与周边环境要素（如建筑风格、绿植情况等），将所提炼的易于辨识的黎居要素与使用环境、功能需要中的客观实际相结合进行再生设计。在人群相对密集的城市环境进行再生设计时，黎居原生态材料具有通风散味，绿色环保、能耗低的特点，是其通过再生传递民族文化价值认同感的优势条件。

　　黎族传统聚落民居场所的形成带有模仿祖先渔民文化的行为模式，船型的屋顶造型属于典型的具象崇拜。哈迪斯蒂对此类情况归纳为行为适应，从生态人类学的角度也可视作黎人行为对生态系统生存的适应性反应，并且具有技艺化模式，从以船为主要生产工具的载体，逐步过渡到保护安全的居所，是以技艺化手段实现工具功能的转化过程，因而黎族传统民居出现之初即体现了黎人对生产工具的现实再生行为，并赋予了生活最为重要的使用功能。同时，由使用工具到居住场所的模式转换为今天的黎族再生提供了建筑意义重构的有益启示。这种重构的成因中有思想观念的变化，物尽其用的生存需求驱动黎人在技术可认知的范围内，最大限度地利用和发挥自然资源与已有工具的应用价值。通过不断地尝试，船体再生又为民居形成的聚落场所环境衍生出文化生态适应性，即文化生态环境观念。师法自然的成果带来了生存环境的场所构建，思想观念也随之变化，3000 年的繁衍生存构筑出了对船型屋传统民居的民族认同感和认知性。为了实现再次的传承保护，实现传统民居的价值再生，需要对船型屋民居建筑的现实意义进行重构，"生态观、经济观、科技观、社会观和文化观，也就是发展中国家人居环境科学的五项原则"。[①] 再生中对建筑意义的重构包括黎族民居本身与再生目标。黎族传统民居在再生过程中扮演了原真性生态观的基础角色，首先对作用的调整由纯粹的居住意义向外观象征意义与室内结构特征意义转化，即对原生态传统黎族中的象征、居住两个要素进行适度区分，对象征意义进行最大程度的完整性再生，对居住意义则注重场所内的结构与材质特征再生，将居住功能放大，在包含休憩功能的同时承载适宜的其他功能属性，增强现实价值传导；再生目标的重构意指针对已具备建筑空间或外观框架雏形的现状，对其以功能导向为核心价值意义定位，对外观及室内空间局部结合黎族船型屋传统民居特征要素，以营造黎族聚落环境中的场所精神氛围为装饰意义转化着力点；意义的重构既要有象征造型的转移、材质真实性的应用、结构特征的转化，也要有使用功能的拓展、场所内环境装饰氛围的营造，以及再生对象周边环境的映衬，增强生态系统对再生整体性的构筑，完

---

① 吴良镛 . 人居环境科学导论 [M]. 北京：中国建筑工业出版社，2001.

善再生过程中设计意识、技术手法与原生态聚落民居营造间的模式转换。

3.4 生态学环境中的文化反哺

建筑是人类在地球上最明显的存在痕迹，文化留存于记忆与传承，而建筑在某种意义上可以称为最直观的艺术形态。"传统聚落作为自然和人类文化或文明的特殊呈现方式，是千百年来人们征服自然、改造自然、利用自然所积累的科学技术与艺术的结晶，呈现本土化的特质"。①

中国传统民居文化起源于数千年传承的农耕文明，蕴含灿烂丰富的精神文化底蕴。黎族传统聚落空间隶属于农耕文明，其整体布局、空间形态与海南特殊的地域自然生态环境及文化文明圈层紧密联系。在城市化和全球化快速发展的进程中，黎族传统民居的损坏速度明显加剧，空间的整体形态、自然环境、物质文明和精神财富均承受了不可预计的损毁。生态学下的文化生态反哺可以作为修复传统聚落空间、生态与文化三者的纽带，使黎族传统聚落得到整体性的保护和一定程度的延续。

"文化反哺"是指资历深厚的一辈向资历浅薄的一辈传递知识的一种形式，也是一个民族蓬勃发展、积极奋进的基本条件。在生态学环境下的文化反哺意指现代黎族传统聚落民居建筑在不愿意失去原生态特性的情况下追寻原生态再生的营建形式，利用文化反哺生态。为此，我们亟需探索将传统聚落建筑营造融入生态物质循环中，并在黎族传统民居再生设计的进程中循序改善已被摧残的自然生态环境，重建生态自然环境正向反馈循环链，进而循序改善人类的生存居住环境，由此体现生态学环境中的文化反哺发展理念。

1. 传统聚落体现的生态文化思想

在西方国家的理论研究系统中，传统聚落、乡镇空间将生态学理论应用于设计实践之中，进行聚落建筑、文明文化、社会政治多重组合与融合。当代建筑学者道萨·迪亚斯提出的人类聚居学思想与英国学者霍德华的提出的田园城市圈层结构的核心思想均是城乡一体化理念，把"一切最生动活泼的城市生活优点、愉

---

① 刘沛林.古村落：函待研究的乡土文化课题 [J].衡阳师专学报（社会学科），1997，18.

快的乡村环境有机巧妙地融于一体"①，使居民与自然生态空间更为接近。英国科学家格迪斯在其《进化中的城市——城市规划与城市研究导论》中善于运用哲学、社会学科学与生态学交叉的学术理论，揭示出在时间与空间上生态学与城市建设相互作用的关系，有意识地分析生态学与聚落空间两者的内在关联。

在中国，黎族传统聚落人居环境依循传统的自然生态观念，注重聚落空间建筑的地区差异性、独特乡土性和民族性等，运用"道法自然"、"人与自然和谐相处"等朴实的传统生态观，形成了一个丰富合理的设计研究图景。从物质表层到社会表征、从客体空间到主体空间、从静态单维空间到多维空间的协调发展均阐明了自然与人互为一体、顺从自然的绿色发展观念，也显示了在生态学、哲学等交叉学科上与自然的联系，不仅体现了中国传统生态观的智慧，也奠定了自然生态环境中绿色设计、可持续发展理念的哲学根基。生态学理论因此成为可持续发展设计思想的理论依据，并起到构建友好人居生态环境的指引作用。放眼于人类建设活动中的先天自然本我属性，将其置于自然生态圈层运行的全局逻辑之中，交融于自然环境的平衡运转内，调整整体发展体系方向，对自然系统整体产生有利影响，以分层次、分步骤减少劣势发展造成的生态危机，体现了"生态反哺"的理念。

"以辅万物之自然而不敢为"、"无为"、"日月得天而能久照，四时变化而能久成"这些古时思想都主张应尊重自然，与自然和谐相处，不能以人的主观臆想破坏自然生态。"道大，天大，地大，人亦大"可以看出人虽然具有主观能动性，但为最末，在自然面前仍要确保自然的至高无上性。生态学注重将人类置于整个生态环境体系之中，探寻社会生活物质因素与自然生态客观因素之间相互交织的规律轨迹，强调其发展源渊及规律。生态环境之中，自然的一切物质馈赠都是构建人类文化、环境文明的永续发展的重要因素。风水学说也是中国古代聚落环境的生态思想之一，古人认为建筑风水均与所处地势、山脉、水系流向和聚落民居坐向有关。从当代生态学的视角分析，"藏风"、"得水"、"聚气"等风水文化本质上也是在追寻一种自然的生态聚落空间形式。从早期的聚落圈层结构到当代的传统聚落空间再生设计，黎族传统聚落人居建筑顺应自然、依山傍水而建，在聚落空间选址、布局规划、建造外观与装饰风格中无不展现出"天人合一"的自然

---

① （英）埃比尼泽·霍华德：明日的田园城市 [M]．金经元译．北京：商务印书馆，2017．

思想。黎族人民在建造中灵活运用自然界的水源与土地，因地制宜地选用原生态的建造材料，利用原始自然植被进行周边围合绿化，采用自然作物葵叶、茅草等材料与泥土混合搭建，将原生态植物枝叶风干处理，编织用于屋顶建材，真正做到在建筑之内取于自然、归于自然。

2. 生态营建环境智慧的当代价值

探寻黎族传统聚落空间中建筑与自然结合的规律，以及其中蕴含的对生命与自然生态环境的敬重，充分认识人类与自然的和谐统一关系，人类必须走与自然和谐共处、并进发展的道路，才可以驱动可持续发展的进程，这种理论倾向体现出了生态营造智慧，是生态、文化与传统聚落相结合的产物。"人法地，地法天，天法道，道法自然"的生态营建环境究其实质还是在于观念的改变，将传统聚落场所中所展现的自然生态思想加以整合改进，变成现代传统聚落人居空间环境建设中的价值取向和精神意识。应将尊重自然、保护环境、敬畏生命的价值观用于传统聚落环境的再生设计应用之中，这有利于提升思想境界，树立符合主流的价值体系。

当前传统聚落环境的营建遵循了与自然和谐共生的基础原则，在再生规划设计前期进行充分的调研考察与整体布局规划，合理利用地形地势，在充分尊重自然环境和维持生态平衡的前提下，最大限度地营造具有地域特色的适宜居民生活的聚落空间场所。"有机建筑"（Organic Architecture）理念是由美国当代建筑大师赖特提出的，核心就是崇尚自然，敬畏生命，赋予建筑自然的意义，融于自然生态，就如同本土生长一般。黎族传统聚落作为极具地域特色与民族性的传统聚落空间，其本身就是综合协同的，最大限度地借鉴自然资源，就地取材，因地制宜地进行聚落空间营造。黎族传统聚落空间是有生命活力的建筑，承续了黎族人民的社会生活及生命延续过程中的部分文化。

重视生态营建与生态选择，存在即合理，这是"生态营建"方式的智慧结晶，是顺应发展的选择结果。生态发展的态势表明，生态系统经历时间的推进与选择，通过传统聚落营建顺应生态发展和保持文化永恒的生命力。注重环境生态的营建是传统聚落建筑文化与自然生态环境互相制衡与权衡的结果，重申自然生态之间协调交互发展的重要性，构建适合传统建筑文化主体与建筑生态客体发展的价值体系。由此得出，生态学营建下的传统聚落空间应该重视应用生态学理念及其发展规律塑造可持续发展循环再生的反馈系统，这样可以获得动态平衡发展，趋近生态与文化之间的良性转化，走向人、自然与社会的协同发展。

3. 生态与环境文化的反哺环链: 传承与再生

传统聚落空间形态研究善用生态学中的共生体系、进化学说和多样性理论，从文化生态系统中了解不同文化聚落空间的空间形态与自然环境的相互制约关联机制，进而通晓其缘起、发展、演变的流程，并从整体上对传统聚落空间的生态文化系统进行维护与完善，保证传统聚落空间有机进化的过程。

当今生态危机产生的根源需要追寻到人与自然生态两者的本源关系，追溯到生态自然环境体系，才能谋求解决方法。因此我们的责任就是让生态思想与环境文化形成环链，与建筑科技并行发展，形成一种相互促进的生态文化和谐关系。生态环境一旦出现问题，造成的后果不可估量且影响程度广泛而深远，因此我们需要构建适宜自然生态环境与人居文化环境相互平衡的新理念，这对实现传统聚落人居环境可持续发展起到关键作用。在处理人与自然之间的关系时，老子"大直若屈，大巧若拙，大辩若讷"的道理同样适用，人类在对待自然的态度上是否有些"得之于精微，失之于宏旨"呢? 在科技腾飞的现代社会我们受益颇多，但在现代化进程中我们也迷失了一些珍贵的、不可遗失的根源性思想。建筑科技的高速发展的确从某一方面改善了居住环境，但任何事物都具有辩证性与两面性，当人类一味追寻现代科技文明时，是否摒弃了传统文化、传统建筑的精华本源，是否失去了民族特性与地域特征，这些恰好是传统聚落生态空间中最不可磨灭的建筑生态基因; 这样造成的后果不仅是人居建筑的同质化，更为恶劣的是破坏了自然环境与人居环境之间的平衡，合理有效的人与自然之间的关系应该是系统与平衡、循环与再生、适应与共生。

研究传统聚落空间时，应将其视为一个系统整体，在再生设计中充分分析所处的时代背景，将社会、文化、经济以及自然环境作为一个复合的有机整体，用以考察循环与再生。自然生态环境作为一个巨大的能源资源储存宝藏，为人类提供了便利的条件，在传统聚落的再生设计之中应对自然的付出给予回馈，合理利用自然资源物质，做好能源的循环利用，平衡自然生态与人之间的关系，最大限度地做到适应与共生。跨学科、多角度地进行学科交叉研究，尤其是从生态学的角度探寻传统聚落空间形态适宜当代社会发展的内在规律。在历史背景下，黎族传统聚落建筑虽然受到地理、经济与独特的民族性等客观条件的制约，但是依旧呈现出独特的聚落建筑风貌，灵活运用生态图像展现建筑生命活力，呈现出绚烂的地域文化。保护与传承传统聚落空间文化，关键在于从深层次参悟脱离与建筑形式之外的文化精神内涵，拂去表面寻求实质的价值意义，赋予再生的设计生命活力。

生态自然环境与人类互为生命共同体，作为新时代的公民，要将保护生态系统、重视自然、维持循环稳定等职责作为必须履行的义务。重拾人类的绿色生态意识，深层次改变固有思维，提倡精神文明与自然生态之间的效能互动，构建绿色、自然可持续发展的价值体系。促使人与自然和谐发展，防患于未然，规范行为道德，为处理自然问题指出可用的方法，为实现绿色设计可持续发展、构建生态文明社会提供有力的精神源泉与思想原则。

第4章　黎族建筑遗产的保护与传承

4.1　黎族传统民居的传承脉络

　　"建筑文化遗产的价值体现在当代社会发展、社会价值和社会需求相关的过程中"。[①] 只有在人们普遍意识到自身生活与环境有密切联系时，对原生态环境价值的认知才逐步显现。黎族传统聚落民居原生态环境是不可再生资源，而传统民居的传承需要其具有尽量多的现实价值，这就需要致力于处理民居建筑遗产保护与再生之间的相对不平衡。传统聚落保护首先对破损的原生态形制等结构外在细节进行修复与恢复，进而在传承的同时分析其美学法则与设计语言，与当下社会建筑文化进行适度的结合，在本着保留传统经典技艺特征的前提下与现代建筑等环境设施进行再生式的融合。这需要意识到传统聚落民居原生态遗产有着不同的类型，并受不同背景信息的影响，每个聚落环境之间的成因有着一定的差异，对不同环境下形成的民居遗产保护与再生的方式方法也不尽相同。民居建筑遗产的保护主要适用、遵循《世界遗产公约》，《国际古迹保护与修复宪章》是目前世界各国参照的最基本的保护性政策文件。传承3000年的黎族传统民居属于明显的具有普遍意义的资源，体现着我国乃至世界民居遗产的多样性，对海南国际自贸区自贸港建设中的文化产业项目发展具有借鉴和指导作用。黎族民居文化环境的内在价值涉及演化过程、聚落环境中的材质、营造技艺、原生态自然资源与设计方案。大多已经损坏或遗弃的传统民居，其现实价值亦受到影响。自然力与人为影响体现在黎居发展的多个历史时期，这些变化本身也成为黎居历史特性和材料特征的一个部分。尤其是黎族传统聚落民居材质特征体现了文化生态资源的内在价值，是历史价值的载体，也是与当下城市建设相融合的文化价值承载体。这意

---

① （英）费尔登·贝纳德 等.世界文化遗产地管理指南 [M].刘永孜等译.上海：同济大学出版社，2008.

味着保护的目的首先需要维护黎族传统民居资源的文化品质与价值,保护其工艺、材料特点,并总结出完整性的传统营造技艺。

"黎族传统聚落民居原生态遗产是指黎人在历史上创造的,以船型屋、谷仓等功能建筑形式呈现的物质文化遗产,包括有象征意义的各类聚落元素,如隆闺、文身,以及水渠、水井等附属设施"。[①] 对于黎居的价值认知,也是在不断变化的。变化的依据主要来自自身聚落环境的变化,即场所的变化,黎族聚落环境构筑成自为一体的场所空间,每个独立的空间均遵循统一的精神追求或精神象征,以船为核心的文化元素散布在场所中的每个角度与细节,从物质化的生活环境到主体式的人体文身及附着于外的黎锦服饰。独立的场所形成了独特的场所精神,而场所精神正是黎人传统聚落建筑遗产的现代文化语言注解,保护与再生黎族传统聚落民居不能简单地理解为一套程序化的修复与恢复,需要对其视知觉和隐喻性加以细致的分析,对黎族人场所精神的理解不能仅运用科学法则分析,而首先探寻一个核心点。黎族人生活中需要塑造象征性的事物,传递出精神崇拜的释放通道,将一种概念性的具有艺术化的精神构筑在自然界之上,而载体又不能剥离所处的场所,相互之间彼此依存。在场所与文化环境之间形成共同的认知和视觉文化赋予的给养,捕捉其传承中新的变化和场所精神的转型,不能以纯粹的科学性解读文脉的变化与场所精神的包容性,对场所精神的探究是一种跨学科和多元性的设计艺术学研究。所以不能仅从黎族民居结构的视角思考场所精神整体的导向,还应当将黎族传统聚落社会和原生态环境相关的人文价值融入其中。自 20 世纪末以来,人们愈加意识到人为环境与原生态环境之间的关系及两者互为作用力的价值,对文化场所及场所精神的保护亦成为更多国家和地区的共识,无论经济发达与否,都不应忽视民居建筑遗产的文化生态价值。一种建筑类型必定有其存在的优点,才可能具备形成的背景和动机,否则虽成时尚,终不免被淘汰。构成传统聚落民居环境的精髓是场所精神,"物"应由"造物观"所驱动,才能孕育出原生态环境下的人文内核,场所才具备精神概念,也才有再生的驱动力与基础载体。

---

① 薛林平.建筑遗产保护概论(第二版)[M].北京:中国建筑工业出版社,2017.

1. 民居遗产保护的原真性

在《简明牛津英语词典》中，原真性可以理解为与"虚假相对的，不同于复试品的真实还原"。这也是黎族传统聚落民居具备文化生态环境遗产的重要条件，虽然黎族民居会随着时间与迁徙空间的变化发生老损和变化，但其船型文化生态本质上仍然是原生态聚落环境下的真实存在，即原真性的体现。原真性在黎族民居发展的不同阶段有着不同的具体表现，如同 3000 年演化所带来的迁徙、工艺材料的调整等，其原真性的外在表相不是一成不变的，而是根据聚落环境的客观变化适时修正和改良，因此黎居的某些原始元素也会被现代民居元素中的新要素所影响，如场所精神等核心聚落文化会维持原真，具体体现在民居遗产的几个方面：形制的原真性、材质的原真性、技艺的原真性、聚落环境的原真性、文化生态的原真性。船元素代表了黎居遗产形制的渊源，葵叶、竹藤等体现了材质的原生态，船型屋营造传统技艺体现了千年留存的黎人工匠精神，村落合理的选址与布局、文身、服饰、崇拜等文化信仰诠释了文化生态聚落环境下的文脉融合。

民居遗产的原真性具有一系列符合保护应用价值的因素。从历史环境或文化生态领域思考具有传统的文化价值与当下社会的经济价值。对于民居遗产的再生追求应基于将传统文化与经济价值相结合，这个过程中原真性的获取显得尤为重要，也是判断再生准确或合理再生的依据。如今很多民居文化遗产已不满足理想使用功能的部分或局部，无论是因破损还是自然淘汰都需要对其成因进行充分解读，承上方能启下，对于当下依然可视的物质遗存形象的视觉语言分析，会帮助精准提炼黎族传统聚落民居典型特质的生成，文献典籍中记录的消亡的民居形态可以与现存民居遗存进行比对并在一定程度上数据化，也会涉及设计学角度的数理性判断。比对的结果将清晰地呈现传统聚落中的原生态脉络关系，使人们洞悉变化的链接点，比例关系、色彩关系、功能完善和工艺改良方面均可见流变的现状与过程，有了这个阶段性结论，就可适时地融入当下社会文化环境下的新要求与语言认知，为再生进行阶段性的准备。

依据《实施〈世界遗产公约〉操作指南》中的思考黎族传统民居的技术处理时，形制的原真性、材质的原真性、技艺的原真性、聚落环境的原真性、文化生态的原真性共同构成主要的衡量标准。黎族传统聚落民居与我国内陆及国际上其他民居遗产有着明显的区别，其中一个重要的原因是黎族民居受到气候、工艺、历史事件的影响，没有超过百年的客观遗存。虽然民族有 3000 年的历史，但目前没有发现似古城、古镇般的规模性建筑遗迹或小型民居建筑遗迹群，现存的典型黎族传统聚落民居都在百年以内，这一点也与其主要建筑材料过于原始性有着巨大关联。生土建筑的民居没有可以常年抵御恶劣气候的坚固度，屋顶材料的葵叶虽具有良好的透气与遮雨作用，但需要经常更换，工艺上与我国内陆民居相比简单原始，因此无法在材质的原真性上保有数百年，只能认定为材质的种类、基本规格及加工技艺的原真性得以保留。这个区别虽有遗憾，但也使得对其进行再生设计时，相对易于实现受众对材质原真性的认同度提升，伴随而来的问题仍然是如何理想地处理材质原真性的养护，频繁的更换并不利于现代社会语境下的再生效果，单纯追求百分百的还原度对可操作性提出了更高的挑战。日本的荻町、相仓和菅沼三个传统村落中的"掌合"民居对材质处理的方法提出了很好的借鉴方案。

技艺的原真性能够在材质及黎居结构中判断黎族传统聚落原生态建筑的细部工艺和痕迹。"在建筑材料和结构系统中尊重原始工艺做法"。[①] 在船型屋营造技艺原真性的实施过程中，必须依托传统民居结构的载体，结合原生态材质进行修复或再生；文化生态环境与形制的原真性是彼此统一的，形制在很大程度上受文化生态环境因素的影响，再生的过程需要在形制所处场所中体现其文化生态观念，这也涉及黎族传统聚落环境的整体观念意识。形制对传统结构的依赖性很强，无论是单体建筑的再生还是区域性建筑的运用，都应以形制的原真性思维为先导。修缮再生民居的材质来源于原生态环境，现代仿生材料的适度运用将会在不同的再生环境中具有相对积极的作用和效果。但在保护传统聚落民居的原始建筑时必须考虑加固措施，黎族民居墙体脆弱与生土、树干等材质有密切关联，这其实可以区分为墙体本身的牢固度处理和墙体表面的材质、技艺原真性处理。墙体内部的加固可以使用现代硬度较高的结构材料。墙体外表面的修缮可以考虑借助现代物理和化学技术，如海南东方白查村，其旧村内的民居墙体即采用了表面加固的方式（图 4-1、图 4-2）。黎族传统聚落民居在保护原真性目标的实施中，与内陆的最大区别是文化生态的差异，即一旦脱离居住者本身、其独特的民居营造技艺缺乏使用者支撑时，建筑即变为单纯的"与众不同"的视觉表象，构成文化生态

---

① （英）费尔登·贝纳德 等 . 世界文化遗产地管理指南 [M]. 刘永孜等译 . 上海：同济大学出版社，2008.

图 4-1　白查村民居墙体（一）　　　　　　图 4-2　白查村民居墙体（二）

环境主体的黎人才是原生态中最能映衬民居价值的核心。当然，这一点也是当下保护黎族传统聚落民居的一个主要问题。

聚落民居的保护是一个系统性成体系的设计过程，不只是对民居建筑外观的修复，而是先从聚落环境的格局着手。自然生态的植被养护与修缮是黎人聚落格局的主要根基，自然植被是能够直接印证黎居就地取材的客观佐证，因此对聚落民居的保护要兼顾建筑与环境，两者密不可分。在聚落的空间环境系统中，自然风貌也是黎人选址时尤为注重的因素，国内外很多传统民居保护性设计的案例均采用"顺势而为"的思路，即高度尊重民居所处的地理环境条件，借助地势资源、植被资源，用设计手法令其与建筑形成互为依存、相互衬托的层次与语言关系，同时融入生态民居博物馆的设计理念，通过建筑周边的植被表现养护、加工、制作的主材技术工艺，赋予文化生态环境一个具体可视的表现形式，最大限度地再现"动态"的聚落脉络，让文化生态在环境中流动起来，给予受众聚落环境的原真性体验。

目前黎族传统聚落民居原生态环境的遗存建筑基本不再使用，许多民居都出现了结构性破损的情况，对于这类民居，重新修复的必要性不大，因为经过结构性修缮再进行保护的遗存失去了原真性。可以把着眼点放在对破损现状的保护方面，以原真性视域下自然流露出的建筑美学价值作为保护范畴，即使受众通过真实现状感受保护对象的原真性美学。在破损民居的环境中，可以对材料、细部及配套构建用于生态博物馆设计理念下的实物进行展示说明。这也影响到对生态环境原真性的保护，传统聚落环境中的民居保护自然在其场所中进行，保护对象是不能迁离原处所的，因而对黎族整体村落进行保护时，利用生态博物馆的理念，在原生态聚落环境中恢复原貌与体验原真性是最为理想的选择，能够实现保护的初衷。"彰显历史遗迹的文化价值、整体效果，并使遗迹在不失去原有意义和内涵的情况下，成为现代社会的一部分"。[①] 黎族原生态环境下的聚落民居已然是一个脆弱且难以替代的文化资源。保护原真性的可贵之处在于长期的小微性干预，大规模的结构性修缮会带来大量细节原真性的灭失。而过程中的手法、技术也应充分发挥其就地取材的环境资源，依赖原真性环境中的植被、土壤通过长期运用材质的原真性，最大限度地保持可持续性。其中在原生态环境中进行保护的预防性，也应充分考虑客观情况下的气候、经济发展影响、人员流动规模等因素，一切适度的保护干预应建立在前瞻性的预见与准备的基础上。无论是单纯的原址民居保护，还是生态民居博物馆理念下的保护设计，均应对可能主动干扰与被动损坏民居遗存的情况做出预案并严格实施。

2. 传承中的再生来源

再生的基本来源无疑取自保护对象，在黎族传统聚落民居原生态保护中的再生，首先着眼黎族民居的历史文化信息，将其艺术美学、营造技艺的文化精粹服务于社会，实现传统少数民族民居历史演进中不可缺失的现代社会价值。奥地利教授 B. 弗拉德列对历史建筑的价值体系进行了划分，其中部分总结符合黎族民居再生来源的捕捉标准。结合黎族民居客观情况，可对其再生来源进行梳理：

（1）历史的价值来源

黎族在琼岛数千年的繁衍创造了我国热带地区典型的地域化文明，漫长的发展为生存需要激发了民族智慧的创造力，在与自然环境和谐共生的适应与改造过程中留下了诸多闪光的文化传统，也反映在聚落民居中，成为印证其居住文化生态环境的历史信息。这种信息由独特的造型语言和材料工艺共同作用，结合聚落原生态环境中的语言、服饰、习俗、手工艺等综合场所活动，给予再生传统黎居重要的一手设计要素。

（2）建筑美学的价值来源

黎族民居的形制特征独特，船型外观的象征认知效果明显，在不通过榫卯结构营造的条件下有效构建了可抵御恶劣气候的民居样式。这种逐步完善成黎居造

---

① （英）费尔登·贝纳德 等. 世界文化遗产地管理指南 [M]. 刘永孜等译. 上海：同济大学出版社，2008.

物体系的美学价值是可以尝试传导至现代场所环境中的，最基本的美学再生资源是其船型外观的视觉设计语言线条轮廓，黎族谷仓造型亦属对船型屋民居设计语言的准确延续（图4-3），干栏式船型屋的比例尺度感可成为再生时的重要尺寸参考（图4-4）。

图4-3　黎族谷仓造型再生设计

图4-4　黎族干栏式船型屋再生设计

（3）材质技艺价值来源

黎族船型屋民居所采用的建筑材质均取自生活周边环境中的自然生态资源，材料本身具有可再生性，技艺上多采用编织与捆扎结合的形式进行交叉构建加固，处理形式本身带有较强的装饰性细节。黎居墙体采用的黄泥或红泥与草根的技艺可成为再生中对新的空间场所立面的原真性转译来源。民居屋顶的葵叶束状编织手法可原技艺应用于再生建筑立面及装饰局部，网格状葵叶支架则可再生为空间分隔的创新形式。

（4）功能价值的来源

对传统黎居进行再生，传统聚落中的功能会发生转移及转变，可不必拘泥于原始使用功能，如谷仓空间的再生是不可能恢复其仓储价值的，但墙体弧形的优美围合造型可再生为丰富的不同功能空间，具有宽敞且易于进行空间再划分的优质基础来源。其架高的入口与干栏式船型屋异曲同工，可再生转化为多种不同的建筑空间入口形式，具有独特的比例感与空间错落性。对于在原生态聚落场所中的再生，则可在保护现状形制与良好工艺的情况下，赋予传统民居现代的功能，使其可以在原址环境中充分结合现代功能需求，在原生态条件下发挥自身文化生态优势，借助现代技术与设备凸显传统民居在新历史阶段中的再生创新融合魅力。

（5）场所精神价值的来源

黎居传统聚落环境所孕育的场所精神包含民居艺术情感或情绪，再生设计受其造物观影响，不可能彻底剥离传统特征，在酿酒、织锦、露天烧陶等聚落场所行为中，浸透着黎族千年来的场所精神。对场所精神的认同感是再生合理性的重要评判标准之一，缺乏黎人认同的转译结果不是再生而是破坏。在得到黎族认同感前提下的创新创作才符合原真性的适度转译，对场所环境的再造，对聚落特征氛围的营造是场景精神来源的有益补充。又如色彩，黎居典型的材质中黄色系的提取，是可以增强辨识性，间接提高认同感的再生因素，与场景中的有形配套器物同等重要。

（6）与现代社会需求契合的再生来源

再生的目的是统一的，而再生的对象是多种多样的。现代城市中的规划布局、城市装置、建筑外观与室内设计均有着对历史传统文化的极大诉求，尤其在黎族所处的海南省，对自身地域范围中的文化属性展示有着强烈的社会需求与商业领域中的经济价值需求。海南国际自贸区、自贸港的打造无疑需要体现海南所独居的地域环境特色，各类现代文明体系中的空间场所、街道立面均可成为再生的具体对象。由此也构成了再生设计过程中给予的现实条件限定，即再生对象的客观建筑环境风貌。在针对现代社会环境再生黎族传统民居的基础上，也对城市中的现代建筑进行再生，二者相互转化、共同作用。不仅实现了黎族民居再生的社会价值，同时再生了现代建筑的文化价值，共同提升了两者的经济价值。因此，充分结合现代社会环境下的客观条件，是再生的社会责任使命。

4.2　黎族传统民居保护与再生设计的关系博弈

1. 民居"形"与"意"的保护与再生设计对立

（1）民居形制的保护与再生对立

《现代汉语词典》认为，形式是指事物的构造和外形，是一种可以被感知的客观存在。"形，象形也。是指可以感知的客观实体，不仅包括实物在物理空间中的形象与形态，还包括其表达方式与手法"[①]，由此可推断，黎族传统建筑具有形式的独立性和存在的客观性。在物质层面，住宅建筑是黎族传统聚落形态的现实载体，黎族传统民居建筑所呈现出的物理空间建立在其源远流长的营造技艺与外观形制上，其原始的表达方式与手法实际上是能够被人感知到的地域文化艺术特征，对于黎族传统民居建筑"形"层面的保护应当是理性且具体的，不会因某一时期审美风格的流变撕裂其源远流长的外观形制。近年来，少数民族非物质文化遗产的保护与发展呈现出欣欣向荣的局面，特别是在乡村振兴积极稳定的态势下，黎族传统民居保护与再生设计的关系彰显出多元化的特征，为了适应新时期的文化语境，黎族传统民居再生设计手法应运而生，然而此种主观意识较强的思维方式不应以牺牲黎族传统民居客观实体"形"为代价，设计概念的多样性、设计质量的差异性、实际营造的可行性等，都会对黎族传统民居形制的保护与传承的初衷造成不同程度的理解偏差，进而篡改黎族传统建筑的"源代码"，间接催生不必要的人为损毁。

对于民居保护与再生"形"的对立，拟采取的方式在于合理取舍设计主观能动性以及整体保护的力度，再生民居建筑单体因具备最为精准的传统样式，修缮中可最大限度地保留外观形态的形式感，而主要针对室内场所进行功能完善。再生设计中需依附传统样式体现最为原汁原味的民居文化语言，在已经进行了结构性调整的建筑部分则应结合异地材料生态环境，避免出现违和感较强的材料对比，

---

① 杨小舟. 城市艺术设计视角下的城市文脉保护与再生策略 [D]. 天津：天津大学，2015.

弱化不同地域性材质特征所蕴含的文化冲突感。村落场所内道路与植被尽量保持再生前的状态，对再生所需的外部交通路况与配套服务要求单独开辟村落相邻场所环境建设，可根据再生使用的必要动线合理规划设计架高地面以上的栈道或步行通道，既突出了再生场所路线，又最大限度地保持了聚落场所地表风貌，例如新疆境内的众多古城遗址，地表以上建筑遗迹虽已极度残破，且地面基本无植被存在，但仍以木通道形式进行线路划分引导与环境保护，是值得借鉴的智慧措施。聚落环境场所再生应兼顾生产生活设施设备的观赏性、体验性及聚落文化情境的丰富性，对翔实历史场景与工具的处理应科学严谨，准确还原关键环节，以此丰富由单体建筑过度保护导致的人文情景的消失。

（2）民居场所意象的保护与再生对立

"'意'在西方作为理论术语最早出现在古希腊认识论与心理学领域，被解释为感受得到的关于物体的印象"。[①] 黎族传统聚落民居的"意"更偏重于群体本身的乡愁符号与地域特色艺术文化的认知，相较于黎族传统民居"形"的保护，更具有复杂的社会性和人文性。当下对黎族传统村落原始社会属性的传承并未重视聚落形态个体的独特性，以看似普遍合理的遗址式维护方式达到延长聚落物理形态的目的，事实上，这种做法无疑消弭了无人居住的黎族传统聚落场所存在的现实意义，强调外观的同时弱化了整体聚落空间的人文生态，即使是有意识地针对场所进行复原，也只是尽可能还原因客观环境风貌流变造成的自然景象更替，或是有计划地放置残存器物展示说明，失去村民生活烟火气的民居环境始终难以继承和重现自然原真性、情景思维联想及场域精神认知。相较而言，再生设计在继承了前者的修复措施之外，还通过对黎族聚落民居的原址再生、异地再生与仿制再生，将人的主体性、参与性与环境的生态性紧密相连，衍生出黎族人民依赖生态环境进行住居行为的民族地域文化属性。因此再生设计作为一种可持续性较强、更加贴合现代审美趋向的传承思路，需要探究的是如何均衡其设计行为的主观性与黎族传统民居保护客观性之间的差异。

黎族传统民居"意"的保护可多围绕其建筑装饰结构、室内人居空间布局、传统住宅文化等方面进行，以精准的样式重现传统民居建筑所蕴含的人文智慧。随着现代人居环境的不断改善，黎族传统住宅文化几经"过滤"，相对原始封闭

---

① 胡洪书. 基于意象理论的济南市芙蓉街旅游开发研究 [D]. 上海：华东师范大学，2011.

的空间已不再满足居住需求。在这一前提下，再生设计扮演的并非革命者的角色，而是通过文化认同感有意识地作用其环境空间的场所精神。无论从原始形式到原始情境的环境都已无法简单地营造或创造，自觉认同需要文化层面的系统性作用力，如同文化生态环境的重构无法由单一外力影响，自觉认同也将会由求存的原真精神向异地再生的新场所精神自发靠拢。社会进步的内因不能完全改变所处的自然生态环境，黎族传统民居的再生也未曾跨越孕育自身的原始环境，只要海南守住生态大省的底线不破，黎族传统民居再生的根基就不会断绝，城市依旧被包裹在生态环境的外衣下，形式的创造必然自觉地带来再生语境的认同，从而促动黎族再生文化精神的回归。

2. 保护与人本自然再生设计延续融合

黎族传统民居建筑及地域文化因在历史发展过程中始终保持人本位的精神价值、设计理念和思维方式，不断迎合黎族先民的审美需要和精神需求，获得全新的审美体验，因而为社会所接纳。其再生理念的构建主要着眼于事物内在结构的变化、处理、创新，积极思考并深入探索如何运用新兴材料，以促进使用功能和空间设计更加合理与经济。建筑要素和形式所彰显出来的原真性更符合建筑的本来意义，不仅顺从自然生命的发展规律和历史特征，还使建筑物体的原始美、形态美以及生态美体现得淋漓尽致。

人本自然再生设计基本原则聚焦于保护生态环境和自然环境，在此基础上不断修正因自然和人为因素使建筑遭受损毁的行为，因而需要相关专业设计人员因地制宜地选择好民居建筑的保护模式，制定详细精准的保护策略，从而形成对建筑与聚落生态环境有效保护的循环模式。再生往往与现代性元素相伴相随，海南的国际自贸区港建设环境中，经济与科技的不断攀升将拉动黎居建筑文化的融合与再生，更加多元的哲学、伦理等意识观念从心理到物质愈加反映最为直接的思想与情感，再生黎居形式的创造需要拥有可以与之对话的建筑文化语言。在海南省内的再生设计过程中，再生形式的变革与创造符合未来社会环境对地域建筑艺术的崭新要求，黎族传统民居虽来自密林深处，但依旧可自我调整，以新的形式创造再生黎居与新环境的交相辉映，传统建筑文化自身本就具有融汇现代元素贯通设计形式手段的信息语言基础，古韵今风和鸣的情境亦是国人悠远情怀的今叹。例如，位于海南省琼中黎族苗族自治县的什寒村，整个村庄坐落于黎母山和鹦哥岭之间的高山盆地中，黎族和苗族的村民大多密集而居。什寒村因富饶的自然环境、幽静的生态环境、繁茂的民族草根文化于 2013 年获得了"最美中国乡村"的美誉。什寒村中的建筑风格特点和样式带有地域性民族文化的烙印，大多数民居建筑为青色和白色相间的普通砖瓦房（图 4-5），稚拙古朴，简洁美观。随着乡村旅游业和科学技术的发展，什寒村宁静致远的人文生态环境和神秘的少数民族色彩吸引了越来越多的建筑设计领域的研究者、学者和游人，运用再生转译设计的方式可以更好地营造特色民族村寨。例如，奔格内民宿的设计与构建具有黎族传统民居建筑的艺术风格特征（图 4-6），远而观之，它的建筑外观与黎族"干栏式建筑"①形制特征相似，就建筑选址而言，它依靠具有一定高度的坡地进行搭建，将地势的优势最大化，利用小幅度的地形高差在阴雨天将地表的杂物冲堆在一起或挂于池中，屋顶铺盖上了一层较薄的茅草，除此之外，房屋的墙体材料主要为水泥和石砖，墙体表面镀上了一层黄色墙漆以做修饰，在阳光的照射下若隐若现地显现出多姿多彩的纹理结构，在一定程度上体现出黎族传统民居建筑的再生设计理念和思路。

图4-5　什寒村的奔格内民宿

---

① 史图博讲，白沙峒黎的房屋在没有汉化的地区几乎都是干栏式建筑（Pfahlbaustil）。（H.Stilbel，Die Li-Stamme der Insel Hainan，第 38 页）——原注。

图4-6　青白相间的砖瓦房

黎居尺寸宽窄比例、材质色泽规格、工艺技巧标准、环境搭配种类等，自身标准的变化同样是一种由内至外的再生变革，而当这种自我变革与新的环境要素嫁接时，转译原生态场所精神中的原真性设计语言会催生新的文化因子，也必然经历一个未知时间的阶段性再调整、再适应，不断修正与异地环境文化的最佳落点，人本自然的历史人文精神在这一过程中由现代审美与原始形态的融合得以嫁接，始终服务于黎族传统民居再生的自然环境适应性及现代人居环境的天然本质需求，实现其原始形制的精神延续。

3. 黎族传统民居保护与再生设计的共生关系

黎族传统聚落民居在当今社会所体现出的遗产价值是基于对民居建筑形而下的解读所呈现出的意识观念造诣。黎族传统聚落民居再生设计的强大生命力体现在对原始情景的可持续营造层面，良性的保护与再生设计所形成的闭环一定是基于二者精神思想交叉后的综合考量，以此契合黎族村民乃至各民族个体嵌入再生环境的具身认知，从而由黎族传统民居的"物态"引发较为强烈的场景感知认同。以下分别从五个具有较高实践意义的人本位再生设计角度（"即五 R 原则：Revalue、Renew、Reuse、Rduce、Recycle"）[①] 阐释黎族传统民居形式与认知的关联。

① 黄丹麾 . 生态建筑 [M]. 济南：山东美术出版社，2006.

第一，黎族传统聚落结构与功能的再评估（Revalue）

Revalue 英文原意"再评估"，在黎族再生场所中具有使聚落场所内民居及文化生态环境提升价值或重拾价值的含义。再评估也意指再生设计的重要前期阶段，结合再生对象所处客观环境与功能用途，根据原址再生与异地再生的不同再生基础条件，准确区分修复性再生与特征性再生的设计导向，分析判断原生态黎居建筑结构与样式的要素提取基点，对文化要素附着的主要载体做出具体措施意见，从使用价值再生与文化价值提升的角度全面系统地评估黎居生态建筑的文化内涵再生途径。

第二，黎族传统民居文化的有序扬弃（Renew）

Renew 本意为"重新开始、中止后继续"，从民居保护与再生的视角隐喻传统黎居原生态环境中的功能现状，在一个世纪的文化沉寂期中逐渐失去使用适应性的地域性建筑文化应通过设计与文化的再创造延续黎族建筑艺术生命，再现建筑文化魅力。现实中的情境已然证明，简单化地推倒传统建筑遗存而建设千篇一律的模式化住居既是对经典地域建筑文化的摧毁，又造成极大的资源浪费，与其放任传统建筑文化消亡，不如适度改造传统遗存建筑，赋予新的使用功能与价值，以功能需要重新被满足为基础，再生并延长黎居对现代社会有益的文化补充与生态艺术价值。

第三，黎族传统民居建筑技艺的再使用（Reuse）

Reuse 词意为"再次使用、重复使用"，这是黎居再生的关键精神与核心环节所在。传统地域民居建筑的价值重塑在于使用功能的恢复与深化延续，在对墙体、构建、材质与工艺的牢固性评估与必要修复中审时度势地把握真正具有承载经典传统手工技艺、鲜明地域材质特征的文化信息因子，结合现代使用需求进行功能布局。民居建筑外部以凸显生态建筑环境语言作为遗存部分再次使用的主要判别依据，内部以适应性功能的格局分隔与空间面积为指向，对隐蔽线路管网等设备进行改造，界定内部空间墙体等具备重复使用价值的界面，将空间维护体、功能线路依托、传统界面材料肌理进行三位一体的综合设计。为实现符合现代使用功能要求与鲜明传统建筑文化特征共存的再生黎居延续重复使用价值存在的必要性。

第四，黎族传统民居建筑材料的可持续运用（Reduce）

Reduce 意为"缩小、减少、降低"。对黎居进行再生利用的目的是减少对自然资源环境的破坏，降低对传统建筑文化的人为破坏。黎族传统民居的现实意义源于其生而具备并长期沿革的生态建筑属性，黎居船型屋营造技艺对自然的索取并未对周边环境产生不利影响，即使在长期使用中出于维护、更新目的获取原生态材料，也皆为植被的周期性更迭所产生的自然性"淘汰"来源，尤其是由生态材料所构筑的民居环境充分发挥了自然材料的功能价值，防雨透气、冬暖夏凉的天然属性对资源的消耗远非一般现代建筑所比拟。其生态建筑与民族文化交织的范式价值和模板是不应被现代文明演进所轻易抹除的，传统黎居虽然难以满足现代生活对居住空间的使用要求，但功能性改良的成本远远小于拆除与新建所消耗的能源。再生功能的需求在很大程度来自使用舒适度与便捷性的提升，民居再生改造中不会因功能构件的植入而大面积地改变传统形态样式，以现代技术手段能够实现传统居住场所"润物细无声"状态下的功能性升级。对于建筑外观的再生处理同样秉承对自然资源消耗的降低理念，延续船型屋自然通风与自然采光的运用，结合现代设备更加合理地在地表下进行生活污水的技术处理，转换传统明渠等相对原始的设施功能，创新再生已不具有使用价值设施的装置属性，合理幻化为丰富场所文化精神信息的固态语言手法，是黎居建筑与聚落环境再生利用的有效方式。

第五，黎族传统民居的个体再循环（Recycle）

Recycle 代表"回收利用、再利用、再次应用"。如果将传统黎居视作环境中的个体存在，那么构成这一个体的要素均来自周边生态资源，并能够在个体的自循环中产生具备自我回收利用能力，可以称其为一种进化先进的再生住居文化。从"再利用"的民居建筑单体角度看，取材与生态环境的黎居再生同样具有生态系统的循环再生使用之意。再生的行为本质在相当程度上颠覆或修正了"人类中心主义价值观"，人类生活质量的提升手段也可通过传统民居的"重构"发掘再生价值。

黎族传统民居的生态建筑属性是再生的先天优势条件，最大限度地降低对能源的消耗是新时代人类生活空间构筑的发展主题。再生设计的实施与再生效果的实现有赖于生态建筑特点的继承与发挥，船型屋样式是再生设计的形态依据，生态建筑的物理属性更是再生设计的功能内涵，黎族建筑文化的魅力同样依附于生态文化基础。建筑遗产保护设计的动因与价值不取决于建筑表象的形态变化，物以载道的生态循环规律驾驭方显再生设计的最高艺术价值，以不可再生资源消耗换取生存空间难以为继。人类已步入技术协同传统建筑资源再生的十字路口，再生不等同于再造，转换视角并谦虚地审视环境，敬畏自然并遵循生态循环法则，重拾生态建筑精神，重构民族聚落环境，等于为人类自身开启了再生之门。

（1）"原始审美"驱动再生设计附加值

黎族先民的原始审美基于其对生活物料获取的便捷性及对有限技术合理的开发性上，具体表现为：

①对气候环境的适应性：传统船型屋民居日常维护的主要对象为屋顶茅草或葵叶，而被更换的材料在经年累月的使用中形成了附着于自然材料表面的岁月侵蚀痕迹，这是一种现代工艺难以仿制或消耗能源才可仿制的天然肌理材料。黎族居民既可运用新鲜材料制作手工艺编织产品，更具有采用废弃民居材料加工编织的技术能力。典型的地域性材质基础、传统的手工技艺、长期的气候环境形成的质感与肌理色彩，三者的结合可构成传统民居再生设计的附加值。

②人居空间色彩搭配的舒适性：黎族先民在色彩搭配方面十分讲究，不同颜色的运用营造出来的物象意象大相径庭，主要以黑色、红色、白色、青色为主，它们都是中国古代"五色观"[①]之一，被称为"人文色彩"，注入了相应的文化因素、象征寓意和更多的政治因素，对人类的视觉行为、思维模式、思想情绪都有可能产生直接的影响。正因如此，只有将自身的创作理念和色彩设计有机匹配黎族传统民居建筑的原始审美，其性格和品位得以传承，才不会随着时间的更迭而消亡，以至被后一辈人遗忘，进而从使用者的角度构建保护与再生之间的桥梁，凸显传统住宅形式的现代价值（人本精神作为附加值），使整个"物像"的意象更加具有灵魂与内涵。

③建筑风格与文化产业发展的混合性：近年来，"田园综合体"在建筑界和设计界的"出镜"频率不断提升，"它是一种将生态农业、休闲旅游、田园居住相结合的综合发展模式，对原有的乡村农业、基础农业设施和特色旅游业进行调整和创新"[②]。在对黎族传统民居建筑和文化生态环境进行保护和再生的过程中，不妨将部分村落的发展模式和方向调整为田园综合体的打造和构建，将农业、种植业、养殖业、林业等进行一定的资源整合，成为产业驱动的内在张力，从而实

---

① 阮元校勘. 十三经注疏·周礼·考工记 [M]. 北京：中华书局，1980.

② 冯黎明. 兴隆咖啡谷田园综合体营销策略的优化研究 [D]. 海口：海南大学，2019.

现种养循环。此外，在传统与现代、城市与农业撕裂对峙的背景下，保持村落乡土性和原始性的地域风貌是应秉承的初衷和理念，让生活在钢筋水泥城市中的人们感受一下乡野趣味。可见，利用村落天然的自然资源优势将生态环境与文化产业联动发展，一方面，原住民、新住民与游人逐渐形成新型田园社区群落；另一方面，打造出文化旅游、社区管理等复合功能的公共空间，可以开发以黎族特色为主题的民俗酒店和田园乐园，并植入养老产业，促进乡村扶贫工作的推进，延续和重塑传统民居村落的再生环境。

④符号元素运用的可行性：黎族什寒村的配属建筑和标识系统具有浓厚的地域原始审美色彩和民族建筑风格，符合现代年轻人的审美要求。如村中的公共厕所，其独特的建筑外观形制博人眼球，墙体立面附着的许多横向的原木构件中和了大面积的白色墙体给人带来的视觉疲劳和审美疲劳，原木构件排列整齐，相互采用上下叠压的方式增强空间的纵深感，同时，以黎族特有的纹样图案区分男性与女性，性别指向性十分明显，并借助艺术设计的方法将地域文化符号在现代生活中加以运用和传播，这也是对黎族文化保护、传承与创新的体现。此外，在什寒村文化艺术广场中心矗立着九座刻有黎族传统文化符号的石立柱（图4-7、图4-8），整体建筑呈 S 形有规律地排列，其主体材料为青砖、水泥和混凝土，立柱中间墙面上各式各样的原始图腾纹样（如动物纹样、植物纹样、几何纹样等）造型独特简洁，图案元素丰富且成环状包裹在墙面四周，九座石柱因描述生产生活场景的不同，所呈现出来的图腾纹样略有差异性，正因如此也体现出黎族文化的博大精深，源远流长，进而不断提升传统民居文化与再生环境的协调性。

图4-7　什寒村广场石立柱（一）

图4-8　什寒村广场石立柱（二）

綜上所述，再生设计手法应紧紧围绕原始审美特性逐一展开，而不是单纯的形式艺术继承，在此基础上通过现代旅游观光情景凸显再生设计的文化附加值。例如，再生设计中融入明确的情境营造及旅游商业需求，海南省内的规模性文旅景点、美丽乡村建设村寨都存在经营性的原始审美需求。这种再生设计在实践操作中具有与异地再生一定的交叉相似性。首先，设计的目的多为最大限度地接近原生态黎居典型样式，结合省内相对便捷的地域优势，民居的主要材料几乎全部能实现种类上的一致。其次，在民居样式格局中以外观鲜明地域风格为商业卖点，再生中带有较为强烈的造型夸张语言，色彩上则大胆采用了对比强烈的纯色，以凸显原始韵味。内部格局部分保留了原始民居的基本元素，更多的空间则以客观环境的服务功能为依据进行调整（图4-9、图4-10），这一点也符合原始黎居审美的室内空间原则，主动地适应不同环境下的审美意识观念与功能性使用要求。同样，再生设计的本质原则也出于场所环境内情境氛围营造对项目主题衬托性的商业价值追求，传统黎居原真性的存留程度多寡未进入经营者的主要再生思考。原始审美驱动所遵循的规律更加市场化，并着重强调了黎族传统民居的"人本位"思维在一定程度上激发了受众对于原生态聚落环境下黎族传统民居原貌的了解欲望，对传播其住宅文化与带动社会接纳再生黎族传统民居在客观上做出了贡献，这种由浅入深逐级感受黎族建筑艺术魅力的过程同样也是再生设计附加值的体现路径。

图4-9 黎族传统民居再生设计融入服务功能（一）

图4-10　黎族传统民居再生设计融入服务功能（二）

（2）营造结构促进再生美学生成

　　中国古代建筑的设计以道家"'天人合一'为核心指导思想，其初衷是为了满足人们的生活需求，利用已有的风水理论'点穴'"[①]和物质技术手段体现出相应的伦理文化精神，并较为深刻地影响建筑风格形态和走向。中国古代建筑美感的展现不拘泥于单纯简约的外观，而是更加注重建筑构件之间的比例、空间结构组合与分隔相互融合后形成具有艺术趣味的美学观，可见美学思潮在中国古代建筑中体现得淋漓尽致，这与精湛的工艺技术、传统文化的审美意蕴以及工匠细致严谨的工作态度密不可分，以建筑物和建筑群有形的实体形象为载体，反映出建筑文化的地方特色和民族特色，逐渐提升生活格调和形成有机协调的空间构成。

　　海南黎族是中国岭南民族之一，其悠久的历史人文内涵、独特的地理环境以及民族信仰的差异性，使传统民居建筑形成鲜明的风格。由于海南位于中国最南端，因而需要仔细考虑热带气候对建筑内在构件带来的影响，并采取一定的保护性措施，进而达到对自然生态环境的适应。由于长期受地域环境的影响，黎族船型屋的建筑材料和建筑形态具有十分明显的民族特色。船型屋的屋顶主要采用编织整齐的葵叶铺设而成，实用性与通气性较强，维护成本低，在台风暴雨的天气，起到遮风挡雨的良效。首先，将长短相一致的葵叶清洗后在炙热的阳光下晾晒，

---

① 王振复. 中国建筑的文化历程 [M]. 上海：上海人民出版社，2006.

高温有利于其表面的通气组织和气腔中的多余水分蒸发，进而通过葵叶颜色的光泽度和形态结构判断并剔除多余的杂草枝蔓；其次，最核心的环节为葵叶的编结，按照等份、等距离单位进行有序的排列分布，且将等份数量的葵叶进行捆绑，与此同时，以葵叶的根基为原始出发点，利用藤条和竹条进行一定规律的"S形"捆扎编结，以夯实屋顶内在的要素结构。

20世纪中后期，结构、技术、材料成为工业时代背景下设计活动的重要表征，构成主义凭借独特的设计风格和审美法则在当时艺术流派和艺术思潮中鸠占鹊巢，推进设计学科不断前进与发展。不难发现经过千百年的技术迭代及科技升级，建筑美学的生成始终围绕着营造技艺展开，黎族传统民居"对称与均衡"、"统一与变化"、"对比与调和"、"比例与尺度"等原始美感均是再生设计需要重点继承的要素。加之城市化进程速度长期增幅不减，大多数乡镇逐步沦为钢筋混凝土的森林；黎族原生态的营造结构及"天人合一"的自然文化思维，对其工艺、材料的有机继承，能够实现精准传承建筑地域文化，并对其进行有针对性的保护与传承，最终达到城市风貌与自然生态共存的美好愿景。

（3）地域艺术文化特征打造再生设计风格样式

建筑的文化性中，"文化"一词包含了文脉的基本概念，在历史发展过程中形影相随且互相作用于对方，共同意蕴城市文化的建设和发展。所谓"文脉"，换言之，即以人为主体进行一场高层次的精神活动实践和创造，不断注入新鲜的血液和活力，留下文脉痕迹，便于后一辈传承和创新上一代人留下的文脉关系，这是一个持续不断且日趋向上的动态过程，更是社会实践过程中形成的时代产物和文化制度，文明的冲突难以避免，但将文化的多样性和人本主义作为核心指导思想，势必使城市中的建筑群具有不断容纳新文化元素的功能与特性，对于地域特色和聚落文化环境的形成无疑是非常重要的。

如何在社会语境下传承与创新建筑文化，不仅是建筑界所要关注的问题，更亟需以文化生态学为理论根基，从聚落环境和人文的互动关系视角进一步深入探讨建筑、文化和地域环境三者之间的关系，通过运用抽象、拼贴、再生等多种设计手法创造空间场所，既能让传统建筑的造型样式、结构愈发活泼自然，又可在一定程度上增强文化、信仰的隐性表达和显性表达，传递出建筑群体拥有较高的文化包容性，从而达到在社会实践活动过程中传播地域文化、实现美学价值等目的。

历史在前进，新的时代赋予了传统民居建筑新的历史使命与担当，如何利用现有的信息技术和当代人的智慧对地域性民居建筑进行有效的传承、保护与再生应用，丰富产业结构的多样化，形成经济—生态—环境的良性循环，最大限度地保留聚落环境和建筑空间形态的原真性和独特的地理风貌特征，较为直观地展示出"环境文脉性"的美学文化特性，从而更好地营建一种具有"乡愁"和"乡情"风格的地域性聚落空间景观，同时增加当地居民的经济收入，维持基本的生活保障。

在城市化高速发展、人口密集的时代，随着非物质文化遗产保护工作的大力推进，更加重视黎族传统民居建筑的保护，例如，位于保亭县三道镇槟榔谷中的甘什黎村对昔日黎族传统村落的建筑风貌和生产生活场景进行了一定程度的还原和展示，许多带有文身和身穿黎族服饰的黎族妇女席地而坐编织黎锦，不仅是对黎族文化的理性回归，更使古村落具有了现代文明的气息；另外，槟榔谷中大多数建筑的设计理念和灵感来源于黎族传统建筑——船型屋，在此基础上有选择性地提取相关文化元素符号和图腾样式，向观者传递有效的语言文字信息，彰显出黎族独特的地域性民俗艺术风格特征（图 4-11、图 4-12）。由此可见，运用再生设计手法和保护性设计将足以支撑建筑文化和原有民居建筑的传承和创新，符合现代年轻人的审美意蕴和审美特色，为建筑注入了丰富的民族文化底蕴和民族文化信仰，并伴随现代文明和人文内涵的不断渗透。

图4-11　槟榔谷建筑文化元素符号提取（一）

图4-12　槟榔谷建筑文化元素符号提取（二）

4.3　黎族传统聚落原生态民居的保护方式研究

黎族传统聚落原生态民居所处的地区综合发展相对滞后，无法单独依靠一方力量进行全方位的保护与研究。不同于以往，今天的传统民居保护需要依赖更多的科学技术、工艺水平与组织管理，是一套更加复杂的技术与观念相互交织的保护体系。借鉴国内外的有效经验，可以构建政府独立保护部门与社会组织力量的共同保护机制，合理区分研究主体与保护行为实施主体间的分工与协作。保护研究观念的变革，已由传统聚落民居本体的孤立保护拓展至从黎居形制保护到空间系统的整体研究，聚落环境中不同单元的联系性更加立体。黎居不同历史时期的规律促使保护研究的丰富性延伸，"因为当时确定的观念控制着人们的观点、品味及理论"。① 不同历史时期的观点等具有一定的差异，对于保护方案形成的参照不尽相同，选择上应因循现代黎居保护价值的实现，能够充分结合再生中功能需求的时期样式，这种选择性也会时常叠加在保护研究方案的形成过程中。

在保护黎居的完整性时，思维方式上定位的目标是：赋予黎族传统聚落原生态民居传统的形制与现代的功能，在传习技艺的基础上积极维护现状形制等特征，保留黎族民居的艺术风貌。具体的保护方式有多个不同的侧重点：（1）梳理功能，定位使用。所保护的聚落环境场景中需对每一个单体民居、配套建筑的使用功能、保存现状进行完整详尽的梳理，根据不同破损程度黎居的修护力度区分是否保留原有使用功能。对已破损严重的黎族民居可考虑在加固后通过再生设计赋予新的使用功能。（2）适度利用，降低干预。筛查中对部分状态良好的传统黎居可考虑以利用的形式促保护，但要把握适度原则，只能对民居内部空间进行合理使用，不能在室内外墙体等构件中附着它物。遗存完整性较好的黎居本身就是难得的文化遗址，无论是否利用都应尽量降低人为干预的力度，尽量减少不必要的非加固性修复。（3）保护性修复与凸显细部重点。对于破损严重必须进行人为修复保护的民居，首先分辨民居内外体现营造技艺细节的主要部分，对这类细部作为重点彰显，而无需翻修的，避免进行破坏性维修，合理保留自然状态下传统技艺部件的历史文化信息。（4）注重民居群与道路关系的整理。聚落环境中民居相对密集的建筑与村路的历史信息发掘，可从场所精神的背景中寻找人文元素进行道路的修复，充分体现建筑与配套要素的必然联系。尤其沿路而建的民居建筑立面整体性，是绝佳的视觉语言传导窗口，应结合保护目的适度利用。（5）区别材料使用选择的标准。对于保存情况较好的民居在保护过程中需使用同样材质，在原生态环境中就地取材，以原规格和工艺进行处理。对于破损严重或在聚落场所中新建

---

① （俄）О. И. 普鲁金. 建筑与历史环境 [M]. 韩林飞译. 北京：社会科学文献出版社，1997.

的民居及配套建筑，则应选用现代材料，以从基础环节夯实牢固性和耐久度，材质表面肌理可通过现代工艺还原自然材质效果，或在以现代材料为结构主体的表面直接采用原生态民居材料，使外观材料完整复原。（6）新旧对比的视觉语言运用。在传统聚落环境中对所有遗存民居保护的同时，可以择地择位新建或于近乎坍塌的民居基础上新建，并且外观结构等主要特质均采用现代设计风格，以求与传统聚落环境形成视觉反差，在强烈对比、相互衬托的同时，对场所环境寻求新的设计语言的运用，增强传统民居对现代设计观念反思的带动效应。

在各有侧重地区别应用上述传统黎居保护方式时，要遵循一致的保护原则，具体包括：（1）完整性原则。保护的对象既有单体民居也有民居建筑群，还包括聚落民居周边环境，从村落布局构图的完整方面保护与恢复必要历史信息中的艺术风貌。（2）准确性原则。对现状良好的民居加强日常维护，保护残破民居依然完整的建筑细部和材质。在对民居建筑进行较大程度的修复时，遵循原貌与对应的历史时期文献典籍相一致的原则。（3）耐久牢固性原则。在选用原生态材料进行修复时，所运用的传统技艺可适度结合现代修复粘合材料，例如民居屋顶网格支撑结构，在应用树枝间藤条捆扎的传统技巧时，每个捆扎节点单元可添加现代黏合试剂，以降低捆扎材料的自然腐蚀速度，提高耐久性。在民居室内结构的维护中，也需注重对承重柱、梁牢固性的日常观察检测，未采用榫卯的结构性问题相对易于发现。（4）协调性原则。保护聚落场所中的民居与生态环境风貌的融合，是民居类乡土建筑保护原则中不可或缺的要素。乡土民居的生成与保护发展无法脱离生态环境的土壤，黎人与黎居是共生的聚落构成，其传承与保护是一个相互交叉并高度和谐的文化脉络。（5）再生的基础准备原则。黎族传统聚落民居保护的目的既为传承，更在于价值再生。保护是再生的前提和必要准备，可深度发掘黎居的内涵精髓，思考再生设计转译及场所精神重构所需的环节。

黎族传统聚落民居及再生需要在保护阶段厘清黎居的内在价值，在测绘及修复中准确把握结构关系与特征，从保护认知性与认同感方面抓住外观的象征性和隐喻性要点。俄罗斯学者普鲁金在其著作《建筑与历史环境》中将保护方式总结为阶梯状修复方法系统，分为单体保护、群体保护与环境保护。结合黎族传统聚落民居遗存状态，在单体民居保护中可分为局部修复、折中保护、整体恢复三个方向：（1）局部修复：针对现存相对完整的黎居单体进行破损部位的局部维修、维护，确保所用材质与原生态民居材质一致，均取自生态自然植被。但在使用中不能直接使用新采集的材料，需要经过一段时间的自然晾晒，待材质表面色泽呈现与原生态民居材质较为接近时再行使用。工艺上亦严格遵循传统技艺标准，对小尺寸破损可采用简单的材质附着处理，对较大尺寸的破损则需根据实际比例与必要性，采用构建整体性移位。例如，当支撑格网局部明显破损且无法原位修复时，可考虑屋顶葵叶整体移位，再将格网架构件修复或更换。（2）折中保护。黎族传统民居常因极端天气影响，出现主体结构的大面积损坏或局部坍塌，对此需要有选择地进行折中保护。视具体损毁结构的位置，如果是整体性坍塌，则基本无保护价值或无需重建；而如果是部分坍塌破损，则判断承重柱与梁的结构完整性，在保证整体不塌陷、民居立面至少两面相连墙体相对完整的前提下进行适度维修，并根据民居所在位置适时调整功能定位。损坏面积超过 40% 的黎居原则上不适合原样修复，可考虑发挥其结构展示说明作用与增添聚落场所环境中的现代使用功能价值。（3）整体恢复。拥有近百年历史、地理位置距主要城镇相对理想、自然生态环境未遭较大破坏的民居建筑群，适合整体性恢复。整体恢复应首先由外部环境保护入手，准确绘制整村布局全貌，对周边地势地形、水系情况、植被覆盖、主干道布局、主要作物种类及分布等环境信息进行综合采集，并结合近代以来地方志、村民调研、史料文献图片等历史资料，积极恢复村落全盛期的环境综合风貌。而后进行民居群恢复，恢复中本着最大限度地保护原状的方式，以历史资料为指南，注重群落民居间密度、通道及构建的完整度，遇资料不完整的部分对照较好现状进行恢复。考虑到整体恢复后的适度利用问题，在恢复过程中需对通道的尺度进行调整，对地面材质的硬度等实际需要进行预判。一般情况下黎族传统聚落环境中未设置村民集中活动户外场所，对适度利用是一个极大的限制，因仓谷为防火需要常设置在村落周边，整体恢复时可考虑在谷仓附近选择地势平坦的自然环境进行开敞公共场所的功能设计。

　　群体保护包括民居移位与生态民居博物馆式两种保护方法：（1）民居移位。在实现黎族传统聚落民居现代价值保护的过程中，会遇到与城市现代场所环境直接"交流"的可能性。尤其作为孤立状态下遗存的黎居，原址的个体保护已不适合长期有效地发挥历史价值与功能，难以实现原生态环境中的单独保护。可将民居进行整体的位移，移动至城市、乡镇的场所中，虽然这会损失民居的环境意义，但民居本体的建筑意义并未受到影响，且设置于现代环境中的传统黎居将使受众更加近距离地感知地域民居艺术带来的鲜明的视觉语言文化差异。

黎居的移动可行性建立在其相对简洁的营建方式基础上，位移过程中虽会造成一定程度的原生态材料损耗，但不影响结构性的复原，同时材料的易于获取也有助于移动后保护的及时性和便捷性。（2）生态民居博物馆式。现实遗存的聚落黎居不适用于移动保护，面对原址保护中所遇到的诸多问题，如交通不便、宣传力度小、利用率不高的实际情况，可将传统黎族聚落民居原生态视作一个完整的系统进行保护，选择生态民居博物馆式的保护概念，将户外自然环境中民居、道路、植被、地形等场所的存在物均视为标准保护对象，营造聚落场所能够为受众提供完整的民居文化生态系统，真实地感知聚落居住文化产生的"土壤"与环境，增强社会民众对黎族传统民居文化生态的认同感，也间接地培养了再生黎族民居所需的社会认知度。

基于以上六种保护方式和五种保护原则，能够提炼出较为系统的原始聚落和传统民居的保护思路，不同的地域和环境所面临的保护侧重点各有不同，因此延伸出的保护手段各有利弊。以海南黎族为例，15 年的跟踪调查发现部分黎族原始聚落采取了阶段性的保护手段，其局限性和片面性显而易见。以下几个小节即从黎族传统民居形态的转译与再生出发，分别有针对性地阐述现阶段的保护重点与再生支点，在上述保护原则和方法的约束范围内，论述海南黎族传统聚落民居的发展出路与现实存在依据。

4.4　黎族传统聚落民居形态转译与再生研究

1. 多源复合的形态

现代社会文化艺术多样性决定了社会人群对于审美标准与造型语言多元化的不同认知效果，在国内城市建筑环境中以鲜明地域性造型作为地标建筑设计灵感的案例乏善可陈，对文化的传导主要依据更为抽象的文化符号。城市环境中的再生黎族民居建筑更多集中在文化、艺术与一定规模的商业环境空间，需要借助建筑功能定位里适合承载地域文化语意的主体意识，在一些特定专属功能的图书馆、美术馆、文体活动建筑中更加具有与现代建筑结构进行复合再生的基础性交叉点。应用性实现的再生目的需要在黎族传统聚落民居的造物观中调节纯粹的民族崇拜性造型语言信息，城市环境建筑外观设计所蕴含的意义不仅与自身功能性有关，也与城市文化传统，城市人群的主流文化意识密切相关，文化的适应与制衡需要将多源复合型的艺术语言风格进行整合，地域性民族文化艺术风格的再生难度焦点正在于自身传统文化上对民居艺术审美领域的标准与现代社会建筑语言发展上的不匹配性。一方面，地域传统民族艺术近百年来的文化演进与城市社会环境的发展距离愈加扩大；另一方面，城市社会内部多元文化不断碰撞交融，文化形态更新愈加频繁，形成了多源建筑艺术文化并存的复合形态。乡村建设带来的黎族聚落生活逐步降低了黎人对居住文化象征与信仰的执着追求，客观上拉近了与城市社会文化的距离，在一定程度上降低或消除了黎居生态文化的神性，转而以更为实用与开放的状态步入物性价值观。

多源文化信息语言的直观具体表达需要将原生态地域文化造型进行重新诠释，再生设计过程中不断以社会视角审视应用方案。变化与协调是再生手法中频繁出现的状态，城市建筑外观与室内空间可根据需求时常翻新布置，使建筑成为固定框架下不断变换信息语言的文化新媒体，繁多的数据性编码充斥、占领着受众的大脑意识，促使公众丧失了进一步主动探究建筑文化属性的可能性。放任建筑介质引导力缺失必将导致传统文化价值在建筑意义中的消亡，复合式的文化重叠状态对再生民居应用提出了传统居住文化信息转译的设计要求。剥茧抽丝梳理多源文化夹缝中的黎居再生，转译的含义即是以能够被现代社会人群认知的艺术形式，承载必要的黎居原真性要素，以复合的状态整合多源文化意识，最终使人产生美学愉悦。黎居文化信仰中的神性也可以转译为物性，转译方式的选取，并非以现代造型替代传统文化，而是丰富受众对黎居再生建筑的感知领域，在纷繁的表现技巧中引导受众重新感知地域居住建筑文化的应用价值。

由于传统船型屋民居在营造便利性、材质获取便捷性和形制范式稳定性上都具有独特的优势，黎居传统固化的主因是生存需求与生活环境的高度适应性、融合性。面对外部世界剧烈的社会环境变化，多源文化叠层复合的状态逐步挤压乡村传统聚落民居文化，积极主动的求变才能避免成为文化附属。黎族传统民居生态环境正经历历史上任何一个时期不能比拟的严重考验，再生应用的途径是活化传统技艺嵌入新的环境语言，传统材质因再生转译场所的位移而在新的环境空间中失去了原属功能性，转而成为黎居符号语言，而材质所附着的船型结构成为最终"代言"黎居的转译源头。再生转译的选择性主要基于对形式与功能的再认知，再生中失去使用价值的材料可转换为装饰材质价值，具有典型辨识度的结构造型可通过与现代材料混合营建沿袭"仪式感"。再生建筑与环境的风貌在转译中更多通过以点代面的方式解决复合形态叠加问题，黎居文化活体的空间符号以外观船元素的结构应用于再生对象，茅草葵叶类失去材质功能的原生态材料也可灵活地根据再生环境由更加稳固的现代材质所取代，城市化环境场所的转译主要依托黎居文化因子的画龙点睛，在很多情况下无法直接应用原生态材料。此外，现代材料市场难以长期供应不定期使用的传统葵叶茅草束状编织形态，使之更易于被人为设计的具有一定文化贴合度的现代工艺材料所替代。

2. 再生评估机制

转译的主要对象应为黎居的建筑构建，传统聚落环境中的船型屋民居将性别区分与地位主次之分体现在室内承重柱的粗细与位置上，与船型外观一样衍生出了相应的民居文化，转译的要点即是在再生对象的环境或建筑表皮中以得当的比例关系与体量关系再现原始建筑构建的审美价值，黎族民居材质的转译将会更多以装饰性或装置性的状态出现在新的环境中。再生黎族民居的现实状态并非也无法再造一个完整的建筑风格体系，而是谋求与现代社会环境对话的具有一定建筑文化隐喻的形态变革，是一种积极应对人文与经济技术环境带动民居主题必然衍生的转译格局。再生中转译的内涵依然极尽追寻对民居生态文化形态的象征意义与意志的表达，实践案例中的再生形态都在积极维护船体弧形轮廓与圆形俯视平面，天圆地方的传统崇尚某种意义上也是一种面对观念变革的无奈抗争。黎居及大多数地域性少数民族的文化艺术都存在因外部社会环境的剧烈影响，而不得不主动谋求变革的矛盾因素，在积极尝试再生应用方式的形态转译过程中，也会映射出原住民对变革未来效果的不确定性担忧。黎民无法有信心地预判村内村外传统聚落环境改变走向对自身生活的波及程度，越来越丰富的物资商品逐步打破自给自足的原生态生活模式，需求已无法通过简单的以物易物来实现，更加万能的流通货币获取成为变革最直接的促动力。在这个过程中，几乎完全无法由黎人引领再生变革，海南黎族的再生应用基本都以外部环境作用力，或社会资本或政府职能部门的介入而实现。不同身份不同利益目的的外部力量对再生目标与方式有着明显的行为导向差异，目的和途径的悬殊差距在一定程度上令再生走向盲目，使文化传承更加碎片化。商业资本的注入是黎族聚落形态中一把凌厉的双刃剑，在无限拉近与现代文明距离感并享受科技服务的同时，生态文化艺术原真性的存留与民族独立品性的延续随时经受着未知的考验。

国家与省内各级政府部门为黎族民居及其他非遗技艺设立了不同级别的技艺传承人，从制高点为黎族技艺保存了火种，但技艺认证行为的积极干预难以对社会市场的商业行为形成明显作用力，传承人个体生活待遇保障虽有提升，但并没有改变传承人从未参与再生应用实施过程的尴尬境地。外部商业资本团队的再生策略虽具有行业专业性，但难以在短时间内捕获黎居聚落原生态文脉要点，导致出现千差万别的再生差异。在多源叠加文化复合发展的外观环境视野中，看待黎居生态文化的感知存在天然的非统一性，各自转译地域文化的观念直接决定了一村一寨或再生建筑个体的应用终稿，在严重缺乏黎人尤其是黎居营造技艺传承人参与的再生项目中，所谓的应用与原真性转译难以避免自说自话。在机制上设定传承人参与的规则，在项目中限定一定数量的原住民迁入，以从一个侧面获取再生认可度信息，是值得尝试与探讨的多角度再生评价模式。美丽乡村建设的体系指标中浸入了地域特色民居的保护与利用标准，地域民族所在省份是否可以针对特有少数民族民居的再生应用，建立一个由政府监督、社会资本投入并参与运营、民居营造技艺传承人参与保护再生方案、行业专家学者参与评估、原住民体验居住与反馈的评估体系，降低再生转译的盲目性，提升准确性与完整度，是更为积极的以政策性引导文化改良变革的可探究之法。任何一个少数民族文化艺术的发展都不应以政策性指向为主要动力，而是完全基于自身对环境变化不断适应的进化能力，虽遭遇百年未见之大变革，也不能抛弃对文化机体内部抵抗力的培养，构建完善的黎居再生评估体系，是一种应对可能出现的严重文化损伤前所注入的政策疫苗，论证合理性与谈论实施细节是必要的准备，但当务之急更在于尽早进入文化机体的临床试验阶段。

3. 再生的美学策略——建筑体验中的深层知觉

黎居再生的美学基础在于黎族生态美学中对自然环境敬畏并和谐共处的内在价值，核心要点并非完全以外在形式为体现。黎族民居设计形制虽带有鲜明的地域特征与典型的材料特点，但视觉形式语言的感知无法取代触感体验的真实，使用者与社会受众在与原生态黎居或再生黎居深度接触中，会产生更加翔实真切的知觉判断，即客观的黎族民居美学。

传统黎居的历史信息完美演绎了再生美学的脉络传承，取法自然的民居营造材料在色泽、质感与肌理变化上呈现出时光遗留的痕迹信息，并与周边环境中依然生长存在的同类同种材料植被产生比对效应，人力改造后承载使用价值的原生态材料是黎居最为朴素的美学观。再生美学依附于传统美学，并在形制上变革了因材料属性而成型的外在形式，以置换表象美学因子换取生态美学在再生建筑内部材料的话语权，以"少即是多"的外观造型象征生态环境中的抽象信仰线条语言。外观材料的现代科技植入是少数民族建筑再生无法拒绝的实际状态，无论是表皮材料或结构性材料，均需要吸收先进技术材料的功能耐久性与色泽肌理的持久性，但在满足观感的基础上无法获取触感体验的生态心境，更难于在室内设施设备中得到生态信息交流。再生美学的策略之一在于变革城市建筑环境中相对隔绝的相互交流，尝试以原生环境材质唤起人群对生活体验意识的觉醒，完全以降低传统象征寓意造型的预设为代价，激发城市受众群体内心对生态空间的主观接近意识。应积极表现生态文化秩序信息，与再生建筑空间功能和社会现实美学标准相适应，强调人在具有生态美的环境空间中的体验性，这才是再生美学重要的存在价值。

黎族民居再生美学在建筑体验中以简洁的符号语言为造型依据，以原生态的营建材料为室内空间装饰材质，以聚落场所中的工具与设施为空间装置，以最大限度的人群参与体验和使用为深层次感知生态再生美学的主要形式。获得关注的基本点来自表象的文化形象特征，获得认同的基本点则来自内涵生态文化体验，主客体相宜的融合适应是再生美学与多元文化制衡的有效策略。黎居的美学根植于原生自然环境，再生美的转移同样需要重视再生建筑环境的生态指向，民居的外在形象可以抽象象征，再生环境的生态美亦可以变形隐喻。直观的绿色形态并非生态美学的最佳载体，生态材质的工艺匠心、加工尺度感、自然天成的表面触感都是再生美学的构成要素，再生建筑的环境场所是烘托生态性来源的必要条件。黎居的建筑构件彰显着鲜明的地域生态信息，与手工技艺痕迹共同将原始形制脱尘于城市建筑，再生美学适应新环境的博弈促使再生建筑美学隐喻情境的进化，再生环境始终伴随再生建筑转译的每个环节，并制约再生形式的构成关系，生态关联性与生态体验的再生隐喻内涵催生了场所精神的再生，成为再生美学的根源。

第5章 黎族传统民居保护与传承的因果关系

5.1 白查村黎族民居的十五年沿革与流变

白查村位于海南省东方市江边乡，笔者从 2005 年至今一直跟踪调研白查村黎族传统聚落民居原生态保护的演进过程。白查村全村相对完整地保留了近百间黎族传统聚落原生态民居，是目前海南省内整村建制中保存最为完整、数量最多的传统村落，被誉为黎族船型屋民居的活化石，于 2008 年入选国家非物质文化遗产保护名录。由于位置相对偏远，从村子到东方市驱车两个小时左右，需经过时常云雾弥漫的盘山公路进入平原地区。其选址可折射出黎人先祖对环境的洞察，背山依水而建的村落生活相对便捷（图 5-1）。山上植被丰富，种类齐全，可在主要方向上抵御台风侵袭。村口两侧和背山部分的平坦地带被开垦为水稻种植区，两侧及周边高地种植橡胶，这两种经济作物成为全村主要的经济来源。

1. 原址聚落发展阶段

白查村的发展大致经历了两个主要阶段：原址聚落发展阶段与整村迁离生活阶段。2008 年以前村子处于原址聚落发展阶段，村内民居主要由落地式船型屋（图 5-2）与金字船型屋（图 5-3）构成，主要配套建筑为谷仓，为防火需要分布于村落外围周边位置。村内原生态环境下的聚落黎居分布相对随意，彼此间距没有明显的固定距离，除一条进村主干道外，辅路均无显著的规划性。因大量青壮年外出打工，村内常住多为老幼及妇女，每户在农闲时均依靠手工技艺创造额外收入，妇女多进行黎族织锦的制作（图 5-4），男性则进行藤、竹等手工技艺编织器物（图 5-5）。黎族露天烧陶也是其非遗技艺之一，因在户外进行，对场所无特殊要求，没有形成鲜明的物化形制。渔猎在黎族迁徙至海南内陆地区后逐渐退出主要生产活动，每户虽依然保留木质捕鱼器、渔网等工具（图 5-6），但少有用及，

图5-1　白查村聚落环境

图5-2　白查村落地式船型屋

图5-3　白查村金字船型屋

图5-4　黎族织锦的妇女

图5-5　编织器物的黎族男性

图5-6　捕鱼具

因仍地处偏远自然环境中，有少量自制弓箭与"山猪炮"等器具。村内取水过去主要依靠河水与少量水井，后由地方政府出资修建了引入山泉水的储水间，便于村民日常生活取用（图5-7）。未设置现代意义的污水处理系统，仍采用明渠进行生活污水的排放（图5-8）。因村内地势具有一定坡度，遇雨水天气利于污水加速外流。民居无疑是黎族聚落环境中最核心的要素，在建筑上占村内面积比最高，但构成聚落场所的其他生活生存要素也成为不可缺少的支撑条件。白查村内未见干栏式船型屋的主要原因是，该村地处相对平坦的地势环境中，主要生活区域的人为改造在一定范围内较好地控制了植被的密度，使得山猪、毒蛇等危害村民的事件发生率大大降低，高栏的功能价值因环境发生变化。所有民居的形制均源于船形，落地式船型屋的屋顶葵叶下垂与地面尤其接近，加之总体高度有限，整个民居远远看去基本上被葵叶包裹（图5-9）。所有立面墙体内部都采用树干构成的龙骨，再由黄泥、红泥与草根搅拌夯实而成，表面干硬后多呈黄红色肌理效果（图5-10），虽能够被屋顶外摆的葵叶遮挡一定的面积，但雨水季节也会因其材质受到侵蚀。白查村民居内部在原址聚落发展阶段保有日常休憩功能，尤其是饭食蒸煮等柴木燃烧形成的烟气对保护墙体的干燥十分有利（图5-11），但对黎人的身体产生了不利的影响，不开窗也因袭传统信仰中对于鬼魅的阻隔功能，发展到今天已多有不便，成为对其进行再生创新设计的动因之一。

白查村的实质性维护大多由村民在日常完成，为便于及时更换腐烂的屋顶葵叶，村内搭建了简易的木棚，存储采集晾晒后编织为束的成品备用（图5-12）。室内多由三根代表男性的承重柱配合墙边六根代表女性的辅柱支撑，因为是船型屋屋顶，举架较低矮，制作的网格状内架在起到加固葵叶屋顶的同时，可有承载、悬挂日常生活用品的独特功效，也为有限的室内空间释放了大量的地面、墙面占用比例（图5-13）。谷仓建筑架高的地面由石块与木柱支撑（图5-14），石块的稳定性需要定期检查，并及时对开裂的柱子进行更换。谷仓底部的架空空间为村内散养的家禽家畜提供了遮阳避雨的理想场所，同时对仓内储存的谷物起到了防潮的作用。谷仓顶部墙体呈户型闭合状，狭窄的顶部降低了雨水侵入的可能性，并与顶部葵叶的船型分布在流线上完全契合，泥墙顶与葵叶架之间的中空同样起到了加大空气流通、干燥的效果。由于村内民居与谷仓屋顶均采用葵叶、茅草为顶，且结构都为木质，为防火带来了极大的挑战。谷仓虽因防火需要设置于村落外围，但民居依然紧密地相邻排布，在保护中应对村内布局现状进行划片划区，不同区域之间挖

图5-7　山泉水储水间

图5-8　明渠排放生活污水

图5-9　葵叶包裹的民居

图5-10　墙体的肌理效果

图5-11　木柴烟气熏黑的墙体

图5-12　储存建材的木棚

图5-13 室内空间的悬挂

图5-14 谷仓柱础

掘防火沟，从整体层面规避"火烧连营"的极端情况，在每个分区内根据民居高度、朝向、人口物品堆积情况合理摆放消防器具，在主要水源处连接应对民居屋顶高位的水管、水枪，并扩宽数条主要道路。对村内植被，尤其是黄花梨树苗进行适度的围合保护，防止遭受家畜和外来人员的破坏，结合民居布置景观的基本形式，同时借助村落现有地势进行局部垫高和拉低处理，在加大排水坡度、增加流动量的同时，为建立"地景"提供适度支持。为新建民居过程的地面基座处理提供水泥垫高，防御雨水冲刷动摇墙基，裸露表面可依旧采用泥土实现质感统一。

对白查村自然生态环境的保护是聚落文化的重要延续手段之一。散布于村内的大量日常生活生产用具大都取材于村落周边自然资源，有些甚至可直接利用。如椰树根部稍加处理可作为捣米器物（图5-15）。家禽家畜的饲料槽、饮水槽则用椰树干、粗壮树枝加工而成，竹垫、竹椅、竹篓、竹筐等日常用品均由聚落区域中自然生长的竹木加工制作而来，民居屋顶葵叶茅草的材料同样来源于自然生长的生态资源。因此对自然生态环境的保护也直接有效地保护了黎族聚落场所的稳定，原址聚落发展阶段的黎族村落之所以数千年不受外界影响而自我演进，主要原因是能够意识到与自然生态的和谐相处，不破坏赖以为生的聚落周边环境，这也与黎族"天人合一"的造

图5-15 棕榈科乔木根部的运用

物观有极大的关联性。黎族船型屋民居平面形制呈矩形或近方形，顶部呈半弧形，由室内向上看基本呈圆形，这一点与陕西窑洞有着"天圆地方"的相似性。金字屋的出现是黎族受汉文化典型影响的演化式民居，也是黎族在不断内迁中逐步掌握的民居结构样式，金字屋受到汉族民居承重结构的启发，呈"金"字结构支撑的民居在提升牢固程度的同时，室内举架也相应提升，收到了良好的使用效果，屋顶保留了黎族传统船型和葵叶材料，与传统船型屋民居具有同样的美学价值与工艺特征。在海南现存不多的传统聚落黎村内，多见金字屋式船型屋，与传统船型屋相较而言更接近现代民居的比例形制，存留的船型屋顶延续了黎族民居造物的象征性。传统狭长的船型屋也会根据住户的具体经济情况在布局分隔上出现变化，遇到家有孩子结婚但无力营建新居的时候，屋主会选择在船型屋狭长的居中位置再砌一面隔墙，同时在户外墙体加开一扇门，变为独门独户且仍在一个屋檐下的两户之家，从某种意义上也进行了黎居再利用，可见船型屋民居本身也在使用者的传统意识中具有可根据实际需要适时发生变化，以适应不同发展时期的客观要求。

2. 整村迁离生活阶段

随着"田头村"改造、乡村危房改造等乡村建设项目的推进，白查村在政府提供新村址和新宅基地的情况下陆续搬迁，并于 2008 年基本迁离。原村址迁离后，随着黎族船型屋传统营造技艺入选国家非遗以及白查村入选国家非遗名村，地方政府对原址实施了保护，形成了特有的黎村旧址现状。在对民居的保护中实施了户户挂牌编号，墙体采用了现代技术，以强化墙面的坚固程度，失去"烟火气"的民居依然矗立，但墙面缺少了自然气候作用下的丰富色彩。村内铺设了水泥道路，沿路还安装了竹质外观的路灯。整个村子因阳光炙烤而呈现出淡黄色，有几位村民为保护原址偶尔会在屋内休憩，屋外的自栽植物在满目荒草的村里显得非常突兀。村路成了每季水稻收获时的晾晒场，在村内高点环顾，非曾亲历原址的"阡陌交通、鸡犬相闻"已无法想象聚落的原貌。巨大的反差源于人的存在与行为的缺失，人—民居—生态环境，这三者共同作用，形成了良性循环的生存模式，居民数量的稳定、民居完整性的维护、自然生态环境的保持，构筑起真正意义上的全面保护，对黎族传统民居的保护是抓手，是作为原生态聚落环境保护的切入点，只有将三者同样视为保护对象，才能切实将原生态概念下的白查村有价值地传承下去。反观白查新村，完全利用现代材料与技术，按照统一的现代民房规格建造的"一盘棋"建筑，规划布局整齐对称，建筑通体的白色涂料在绿色植被的衬托下尤其刺眼，若不是每户周边散落部分黎族手工技艺的生活生存器物，很难将新村与传统黎族村相联系。

白查村原址每日都有国内外游客慕名而来，但停留时间尚不及从城市到原址的单程时长。主要原因是，原址保护手段相对单一，集中于黎居建筑的牢固性而非完整聚落环境，仅有外观的独特性，无法吸引游人在环境中长时间驻足，从而感知其文化生态系统。单纯的建筑个体概念保护，会使白查原址逐渐演化为聚落遗址，进而失去关注与价值，直至完全消亡。白查新村与原址相距较近，但从无游客触及，几乎丧失了全部的聚落形态要素，两个咫尺之遥的新旧村址，体现了全部黎族聚落生态所面对的现实问题，实现居住功能的现代属性是否一定要以剥离原生态聚落环境为转移？传统营造技艺的传承在现代建筑语境中如何延续？系统性的保护如何实现？

毫无疑问，保护的目的并非为了使民居因外观的奇异而独存，居住功能的提升也非通过割裂人与原生态环境来实现，传统技艺的保护需要存留传承的环境和场所，系统性的保护更加需要人与原生态场所环境的交融互动，现实价值的传导再生同样要以传统聚落民居原生态的原真性保护为坚实基础。白查新老村址的变迁现状验证了"人—民居—生态环境"三要素脱离的客观问题，具有典型价值的黎族传统聚落乡村需详细甄别后再决定是否实施迁移，白查村的情况说明了原址保护的必要性，在保护的同时完全可以实现现代居住功能的构筑。在老民居加固维护的日常工作中，可适度对室内空间进行现代功能布局的局部改造。民居墙体可做局部开窗处理，使室内得到足够的采光，并降低病害发生率。在屋顶的葵叶茅草与网格架之间铺设防潮隔水现代材料，不影响外观材质观感与传统民居营建工艺。部分较为残破或已坍塌民居则既可在遗产基础上维护较为直观的展示性实物，又可在清理后进行新老结合的再生设计。黎族传统聚落中的民居绝不能仅仅停留在加固性质的维护层面，不与再生相结合的方式只会加速这一少数民族文化艺术的消亡。

5.2 俄查村黎族民居生态掘进

俄查村与白查村距离较近，同属东方市江边乡，但经过 10 余年的发展，差异巨大，其中对黎族传统聚落民居原生态保护的启示耐人寻味。与白查村相比，俄查村在原址聚落发展阶段具有自身独特的一面，聚落密度相对较高，村内民居布局明显沿道路两侧设置，因此民居的朝向、入口等具有一致性（图 5-16）。民居均为典型的落地式船型屋，没有金字屋的样式，这一点在黎村中比较少见。俄查村船型屋虽为落地式，但不似白查村民居几乎与地面交接，其多数民居保留了与地面 50 厘米以上的基座，并具有明显的宽度，形成了可作为单人手工技艺制作的操作平台，部分平台还设置了踏步（图 5-17）。根据入口平台放置物品的不同，村民会通过不同形式设置局部遮蔽，用以阻隔风雨对已加工柴木或加工半成品的侵袭（图 5-18、图 5-19）。白查村也有为家禽家畜设置的围栏，借助民居屋顶葵叶的遮挡效果，在一定程度上沿袭了黎族古时干栏建筑"上人下畜"的人畜共居传统，虽有改善，但仍有卫生健康隐患。落地式船型屋因举架相对于金字屋式船型屋低矮，在葵叶茅草覆盖下对民居的遮蔽效果增加明显，但采光效果更加昏暗。

图5-16　朝向一致的民居

图5-17　民居前的操作平台

图5-18　民居入口处的局部遮蔽（一）

图5-19　民居入口处的局部遮蔽（二）

　　俄查村类型的黎村保护具有相对有利的条件，排布相对整齐，民居相邻程度高，有可形成现代街道性质与形式的建筑外立面。俄查村民居普遍设置了一定面积的平台，因此在保护过程中可考虑连通平台，形成共享效应，这样不但提高了整体性，而且还能够与个体相邻连接的民居群构成独特的线条比例。由于俄查与白查两村民居形制与工艺的一致性，可采取基本相同的保护原则与方式，两者最大的差异发生在搬离旧址之后。俄查新村与原址更近，交通上与修筑的公路相邻，更加便利。原址在搬离后呈整体废弃状态，破败荒芜的场景令人触目惊心，在无人居住的情况下，黎居基本上两年左右就会发生明显的破损甚至坍塌，从航拍的角度可以清晰看出屋顶的破损由中心向两侧发展（图5-20），这也说明在没有日常维护的情况下船型屋顶葵叶的固定效果会发生变化。在其他村落中，还有个别船型屋顶中心采用大直径原木固定，目的是为了更好地加固葵叶茅草，这也源于其葵叶自上而下的铺设顺序，下部葵叶虽长，但固定的基础作用力来自顶部，因此当屋顶中心固定出现松动时，会产生松垮的连带效果。由于俄查村民居排布密度高，在废弃后植被彻底覆盖了全村的地表，除了一条村边小路沿线的黎居尚可辨别验视外，原址内的村路与多数民居难以供人正常通行，荒草高度已近屋顶。这种对传统聚落民居原生态场所彻底遗弃的结果是一种巨大的浪费，放任地域特色鲜明的民居聚落文化自然消亡并未换来村民生活质量的实质提高。新村址的黎居与白查村相仿，现代材料与现代模式化的普通民居毫无任何美感与特色，虽然解决了居住的安全性，但彻底抛弃了文化传统的价值与痕迹。

图 5-20　屋顶破损情况

对俄查村聚落旧址的保护是可以另辟蹊径的，"遗址公园"理念是适宜此类少数民族文化遗产的形式之一，利用俄查村植被种类丰富、生长周期快的实际情况，将热带生态植被景观、地景风貌与船型屋民居建筑相结合，以有序规划的生态植被系统弥补人的"烟火气"生活行为，在聚落旧址中以海南本地盛产的竹材制作不同姿态的人型龙骨，外表加以绿植生长覆盖，幻化出热带田园世界中的绿色人物形象。对于民居聚落遗迹而言，生态趣味性与独特的船型屋聚落民居的结合，能够充分利用气候与植被持续为民居保护"服务"的生态循环创新设计手段。对于俄查村新址也不应放任民族传统自生自灭，新村中民居平整的墙面、水平的屋顶等是能够延续民居结构装饰特征的适宜载体。保护的完整性不是一蹴而就的，既需要外部力量的融入来促进保护技术手段的提升，更需要引导原住民意识到传统民居文化的价值，自发地在政府支持建设的现代民居中传习聚落文化。乡土聚落民居的保护与再生不能单独依靠政府的大包大揽，培育乡土聚落中受众的文化情结，在不断演进的现代民居中适应变化而不失去传统，是不能缺乏本民族群众的文化自信感认同与行动力支持的。乡愁同时也是相对的，对世代远离城市居住的许多黎族同胞来说，没有离开故土村落生活就难以感知乡愁的浓郁，只有在生态保护掘进中利用再生传统聚落民居的价值，使传统文化体现出改善生活质量的价值，黎族的文化遗产保护现状才能从根本上得到改观。

任何一个民族的文化都"由技术的、社会的和观念的三个子系统构成，技术系统是决定其余两者的基础，技术发展则是一般进化的内在动因"。[①] 黎族船型屋传统营造技艺是支撑其民族文化与聚落社会构建完整与良性发展的基本载体，而这种独特技艺的传承只有通过对其所属场所环境与周边环境的合理保护才能具有技艺实施的土壤，背离原址或放弃原址的保护无法触及场所精神的原真性，黎族文化内涵构建正是在周边自然生态环境的适应与改造中不断完善与成熟的，黎族传统聚落民居原生态的保护需要在聚落文化范畴内物质与生态信息的交流沟通中积极与原址的生态体系保持相当程度的共性和一致性，才可以在合理利用中得到真实的体现。

黎族聚落民居脱胎于自然生态系统，但始终寄生于原生态自然系统。黎族聚落民居场所的文化精神与自然生态环境的保护架构需要拥有一定程度的兼容效

---

① （美）托马斯·哈定等 . 文化与进化 [M]. 韩建军，商戈令译 . 杭州：浙江人民出版社，1987.

应，才能够使文化与生态体系中的依附关系得以存续。制衡的关系是保护过程中不断寻求的一种微妙维系的平衡，人与环境、聚落与生态之间的关系本质都是相互牵制、彼此作用的。黎族白查村和俄查村的传统聚落民居原生态保护需要以传统聚落中的文化遗传为无形纽带构筑起复杂的保护系统，在制衡中适时稳定链条中的诸多要素，其中的民居文化艺术无疑是遗传密码中的核心控件。俄查村的原址保护与新址传承同样重要，保护过去是为了经典样式的存续，传承新址是为了文化的遗传得以在演化中不失传统。原址保护的"生态植被人物形象"理念同样源于黎族以自然生态体系为内涵构筑本民族的文化脉络，民居文化与生态系统始终交织紧密、共同发展。在俄查村等的聚落民居遗传过程中，生物性的属性从未与民居阻隔，黎民聚落遗产与生物遗传在某种意义上具有明显的相似之处，都天然地以其他生命体为物质和能量来源，发展自身和营造生存环境，形成一个人主导的聚落环境场所。俄查村的兴起源自生态获取，旧址的现状即将"反哺"自然，其从一个侧面反映了黎族聚落民居文化在自然生态中的"寄生"，黎族任何乡土聚落的保护与再生发展都不可能失去文化对原生态自然环境的寄生关系。对传统聚落民居的保护需要紧抓黎族文化脉络，感知民居文化中接受、破译和利用生态环境资源的能力，以及维持和谐共生的平衡关系。因此，保护的"第一现场"就应在原址，能够顺畅地保持文化信息与生态信息的遗传关联，而黎族拥有的独特生态环境信息所孕育出的文化与生俱来地带有明显的差异性，因而保护传统聚落黎居就是在直接传承原生态文化信息语言，在生态的掘进中秉承独特场所精神，不断适应社会发展中历史所创造的新的制衡关系。

现代社会的发展并不是黎族传统聚落保护的对立，而是可以长期共存的两个系统。与黎族聚落对生态自然的寄生关系相似，现代社会与黎族文化的寄生关系依然存在，其本身也存在着文明延续与不同文化的结合发展。对于因地理位置、距离、传播度、认知性所"隔离"的黎族聚落民居，同样需要与现代社会保持整体的稳定与融合，这种状态的保护不因聚落文化某个子系统单元的消失而构成显著损害，稳定状态中本来就存在彼此制约，两种形态物质融合需要适度进行非核心的取舍，进而成为理想的形式。这既为保护行为带来相对性的认知，也为再生利用开启了转译的先决条件。黎族聚落的千年传承是一个复杂的文化系统，保护行为同时需要其延续的不可中断，破坏原址自我延续能力的环境是对延续基础最大的冲击。俄查新村的出现是现代社会发展的一种客观存在，并不应完全地否认与拒绝，新的历史时期对保护内涵的完整提出了更新的要求，传统的原址保护与已在丧失传统的新村反哺式"保护"同样具有现实与长远意义。

5.3　洪水村黎族民居文化传承双重性

洪水村位于海南省昌江黎族自治县王下乡，目前较好地保留了数十间结构完整的传统聚落民居。洪水村黎居的主要特点在于民居样式均为金字屋式船型屋（图 5-21、图 5-22），且在同是金字屋的基础上存在一定的个体差异。与许多传统黎村一样，洪水村也是原生态聚落原址与新村并存，但洪水村两址间的距离最近，仅由一条干涸的不足 2 米宽的河床分隔。洪水村的名字鲜明地体现了其曾经受的自然灾害侵袭，在考察中能够明显感觉到新址的拓展营造是结合原址实际的正确行为，洪水村原址与主要交通道路紧邻，道路依山势构筑，山洪和滑坡都会对村落造成灾难性的后果。原址的迁离有利于保护村民和拓展生活空间，因其选址于海南山区，使原址聚落环境中带有一定的地景效果，极大地丰富了村内空间层次与视觉的比例关系，具有鲜明的原生态聚落场所美学特征。

图5-21　金字屋复原图

图5-22　结构拆解图

因普遍采用金字船型屋民居样式，村内民居举架相对较高，部分建于较高地势上的民居使聚落环境的空间层次起伏随自然状态布局，较好地保留了原生态地势环境。很多村落的金字屋通风效果较差，洪水村则一改入口对应两侧墙体一砌到顶的传统做法，将入口墙面分为两个部分，与入户门齐平或高于入户门 30—60 厘米作为分割线，其下依然采用黎族传统泥土草根搅拌夯实于树干龙骨的技艺方式；其上则充分考虑通风作用，采用格栅的形式，用藤条捆扎固定的手法制作（图5-23），或用竹片首尾错落地制作成相对密集的墙面（图5-24）。两种技艺虽在形式上区分明显，但都具有良好的通风效果。部分入口墙面罕见地出现了开窗现象（图5-25），这是在其他黎村未曾见过的一种大胆突破。洪水村黎居对传统的改变还体现在船型屋屋顶材料的丰富性方面，在以茅草为主材的基础上采用了瓦楞板与塑料膜，瓦楞板屋顶的使用虽然具有明显的防雨功能，但外观效果缺乏美学价值，难以与环境相融合。塑料膜在使用中虽可依据原始屋顶茅草形制，但依然无法弥补色彩传统与质感肌理的缺失（图5-26），两种现代材料的应用并未从根本上解决传统聚落民居保护中存在的问题。另外，由于洪水村并没有像白查村那样由政府出资将所有民居墙体进行现代技术的加固硬化，原址内的部分传统船型屋已出现明显破损甚至坍塌（图5-27）。其他结构保存相对完好的民居，由于无人居住维护，附着墙体龙骨上的泥块出现局部脱落，墙体的龙骨裸露，

图5-23　树枝格栅墙体遮挡

图5-24　藤条捆扎墙体遮挡

图5-25　入口墙面开窗

图5-26　屋顶上的塑料膜

图5-27　坍塌的船型屋

图5-28　大面积脱落的墙体

图5-29　向两侧散落的茅草顶

图5-30　石块围合的植物图

失去表面保护的结构面临即将倾覆的危机
（图 5-28）。与俄查村一样，很多黎居破败的
显著特征也是屋顶茅草由中心向两侧散落开
始的（图 5-29），未能及时加固与更换茅草
会使雨水渗入民居室内，造成由内及外的墙
体潮湿、软化。洪水村因地处山地环境，周
边的石材资源丰富，在民居基座中得以大量
使用，硬化稳固效果比其他区域黎居更具优
势，村内经济树种如黄花梨的保护也采用了
石块围合保护的方式（图 5-30）。村民在几乎
无人踏足的区域放置了蜂箱，依靠售卖蜂蜜
增加个体收入（图 5-31）。洪水新村的民居

图5-31　蜂箱

与白查新居和俄查新村形制一致,同样沿袭金字屋民居样式,采用现代材料构筑。

洪水新旧村址的民居分别代表着传统与现代,但实际上传统未能得到很好的保护,新村并没有根本改变居民的生活质量。新村的现状更似没有完成改造的半成品,在解决居住安全性的主要矛盾后,文化传统的原生态民族生态艺术等诸多要素未能协调同步处理。时下所提倡的"协调创新"理念,其实正是适用于黎族传统聚落民居原生态保护方式的准确描述,对古村落的保护需要协调安全、便捷、文化、艺术、生态等多方面的综合信息与技术,才能够具备创新的可行性,再生也是创新的一种表现形式,但更需要在创新中存留与转译传统聚落民居的文化精粹,传递地域文化认知度的普及性。类似洪水村的黎族传统村落从不同角度为民居建筑遗产保护与文化生态环境学者提供了一个"绝佳的平台",一面是破败的传统民居遗产,一面是毫无传统文化精华的新村建筑,这正是进行保护与再生理论研究的适宜土壤与科学严谨实践的操作平台。

洪水村的保护现状也代表了黎族传统聚落民居原生态的特异性。在其自身发展中具有双重性特质,生物性给予了黎人赖以为生的自然生态资源,社会性由相对稳定的居住场所文化逐步演化而来,两者之间相互耦合并最终影响了黎族聚落民居文化的双重性。在其文化建构中得以发现生物性信息系统与社会性信息系统,洪水村黎人起居已脱离了明显的生物信息,生产中未曾断绝。但新址的环境明显干预了社会性的完整,原址聚落的布局与生物性信息的丰富使户与户之间、人与人之间的距离与交集十分便捷、密集,场所可以稳定地构筑并延续传导社会性信息。新村的钢筋水泥房形成了更为私密的专属空间与严密的独属活动空间,难以出现自发的聚集性交流与自然的协作间交流。在村民之间社会性信息中断的基础上,生物性信息在民居中无从传导,双重性特征畸形地演变为特异性现状。生态环境价值一旦被黎人作为生存的经济作物而存在,这种意识将最终导致文化寄生的剥离,从而失去民族特质,被彻底同化。

在黎族"万物有灵"的信仰彻底引领聚落生活的时期里,生物性信息占据着统治地位,文化是附着在生物性载体上逐渐成长的场所精神,随着生产生活技艺的提高,转而开始适应并尝试改造生态环境。文化最初不可避免地带有明显的生物性特征,黎族正是通过文化超越自然生态体系的造物观得以长期繁衍的。黎族对所处的自然生态环境既依存又产生偏离,偏离的幅度若超出和谐共生关系,将导致社会性的损伤乃至生存危机。"既然生态环境是人类共同体生存中不可扬弃的一个基本因素，那么生态的多样性及其本质联系就使得人类社会发展的多样性和多线性成为必然"。① 一方面，这一论述与黎族现存众多"洪水村"的保护问题一致，民族的社会性源于生存基础博弈的生物性信息积累，自然生态环境中生物性的常规变化必然影响黎人的社会性发展，而黎人现今新旧村址的分离所带来的社会性特质损伤，正是生活场所剥离生物性信息所导致的多样性的一个客观版本。另一方面，自然生态系统本就存在的多样性发展出了能够长期存在的不同生命个体。世界上不同的生态环境培育了不同的区域民族文化属性，以洪水村为缩影的黎族传统聚落保护现状也可能作为自我多样性演进过程中的一种社会性信息的暂时偏离，但这种偏离的程度需要在逾越严重影响社会性信息传承的红线时进行必要的干预，这是无法依靠生物性信息及生态系统自我修复的，而再生则是这种必要干预的新时期历史环境下的社会性信息演进，是一种变相的多样性丰富。

洪水村传统聚落民居中的双重性现状，折射出保护其文化生态环境的社会性信息与生物性信息在偏离中不断制衡的过程博弈。现状中新村反映出自身传统村落发展的无序性因素，要对其审时度势地适度干预，构建新旧村落文化联系的纽带。应因势利导地借助传统文化积极创造新的社会性信息，在剥离丰富生物性信息的新村环境中正视移植黎族文脉的必要性，借助现代技术与保护手段改造新村，使之与自然环境产生新的生物性信息，服务于现代生活中的艺术。洪水新村的出现虽然与自然界灾害相关，但不能成为文化损伤不可逆的理由，灾害的诱导力仅作用于合理的迁移，无法阻断社会性信息与生物性信息在聚落场所内作用于民居的精神力。村址无论搬迁何处都无法规避对自然生态系统的需求，并且利于生存其中的黎人获取所需的生物物质能量，因而黎族的文化脉络必然无法彻底切割与自然生态体系的交叉点、契合点。在相互制约、依存的互为因果关系中，任何时间节点上的偏离都可能出现系列连锁反应，黎族完整社会性的传递在于较好地保护传统聚落场所中的民居及生态系统，在链条中能够扼制偏离的手段需要黎族原动力诉求的文化回归，改造中带有的文化符号并不会影响原真性问题，在对偏离性的纠正过程中，文化回归的载体难以避免地需要第三方力量的催化剂效应，目的是通过设计保护与再生利用激发黎族村落的文化认同与价值获取感，促使黎人

---

① 陈庆德. 经济人类学的生态分析 [J]. 广西民族研究，2000，4：21.

主动地重建社会信息体系，再次激活黎人消化吸收和改造自然环境获取信息的主观愿望。罗康隆在《文化适应与文化制衡》一书中，将"人类文化在消化、吸收和改造生物圈客观存在的信息时"[①]归纳总结为四个方面的作用，准确适用于黎族传统村落现状问题。

（1）"自然系统中，物种间的信息联系不同程度地被人类的各种文化加以吸收，成为相关文化构建的一大信息来源"。[②] 黎族传统聚落民居的场所精神正是来源于对热带自然生态环境的生物性适应与创造，黎人文化的根基寄生于自然生态系统。

（2）"民族文化构建中，绝不是无一例外地全盘利用自然生态系统中已有的信息，而是根据民族文化的需要有选择地利用其中一小部分建构自己的文化"。[③] 黎族所处的自然环境中拥有丰富的植被种类与热带资源，但在营造船型屋民居中最终仅利用了葵叶、树枝树干、藤竹类材质，对茂密的周边环境采取了和谐相处的适度获取原则。

（3）"文化构建还对客观存在的生物信息按照社会的尺度格式化，以便能在人类社会中正常发送、传播和解读"。[④] 这既是黎人利用自然资源营造聚落民居环境的主观能动性体现，又是再生利用传统聚落民居一定会遇到的"阵痛"，再生不等于重建，势必不会照本宣科，改造的处理方式无法避免，但前提需要能够"正常"传递传统聚落民居本真的内涵元素。

（4）"文化的构建还需要按社会的需要对自然生态系统中的生物进行人为的归类，而且不管是哪种文化，在构建的初期总是按照当时的利用方式对生物物种进行归类"。[⑤] 用现代眼光看待黎族新村的保护带有一定的局限性，用现代建筑技术建设的民居融入传统民居材料、装饰技艺元素会让人产生一种归类问题的误读，"非原生态即非本真"的绝对论断可能会否认新建民居干预性保护的必要性，对再生的准确性也存有质疑。但无可否认文化构建与回归是顺应自然生态体系的多样性变化规律的，任何文化的保护与延续都必然存在并遵从历史发展的客观需要。在再生中把握原真性的尺度与黎人新村文化回归的纠偏尺

① 罗康隆. 文化适应与文化制衡 [M]. 北京：民族出版社，2007.
② 罗康隆. 文化适应与文化制衡 [M]. 北京：民族出版社，2007.
③ 罗康隆. 文化适应与文化制衡 [M]. 北京：民族出版社，2007.
④ 罗康隆. 文化适应与文化制衡 [M]. 北京：民族出版社，2007.
⑤ 罗康隆. 文化适应与文化制衡 [M]. 北京：民族出版社，2007.

度拿捏同样重要。

　　洪水村乃至全部黎族传统聚落民居环境在保护过程中都带有双重性。在传统场所对环境的生物性进行充分利用，并维护聚落文化中的生物性信息。在新村搁置或遗弃社会性的文化信息，十分有限地维护生活环境中脆弱的生物性信息。在很多历史阶段中，诸多少数民族都出现过对自身环境中自然生态体系的偏离，但大多数能够通过自发或适度干预实现文化回归。通过尝试保护再生黎族传统聚落民居文化语言信息，现代社会发展环境中的文化多样性系统会与再生民居的独特美学价值发生作用，在彼此制衡中形成融合互补与形式对立的巧妙平衡。黎族需要发展，发展则必然引发诸多社会性、生物性方面的变化。粗暴阻止变化的产生与发展是不现实的，也无法实现，应对这种变化最好的办法是引导黎居保护的策略向再生发展，创造和睦的社会性融合与自我价值实现。

5.4　初保村民居保护与再生支点

　　初保村位于海南中部五指山腹地毛阳镇，至今因路况经常维修，车辆很多时候无法直达，外界进村需步行最后几公里山路。村内唯一可行车的主路将民居与稻田分隔开来，长约 470 米，自北向南而建，东西两侧为小型山峰，且植被茂盛密集。由于山区地形制约，适宜耕种的土地面积相对有限，地块又受地势显著影响并不齐整，因而自村主路起高差沿北向南逐级递减，自然地形成梯田状态（图 5-32）。最低处为山内的一条流溪蜿蜒贯穿，溪水上游距南向村口百米左右，是早期修建的一座微型水电站，现已废弃。其作物主要为水稻、橡胶，因村内人口外流，本可以一年两次的插秧改为一年一次，又因近年来相对干旱，影响了橡胶的产量，村民经济收入常年没有明显增加。初保村沿村路横向长度较短，以村口第一间民居为起点借助地势依次而建，基本形成以渐高的层次排列分布。村内民居依据五指山地形呈阶梯状纵深排布，大部分民居分布在三条主要的依次渐高的纵深村路上。村内整体等高线最大地势落差超过 15 米，属于典型的山地型建筑基础环境。初保村民居建筑通风效果明显优于平原地区，并且建筑材料呈多元化特点，不仅具备传统黎族民居的土墙材质，更因地制宜地选择了竹类材质，并大胆地应用于一侧或两侧完整的墙体上，增强了通风性（图 5-33）。板材的利用也是初保村的一个典型特点，特别是将板材与竹木进行结合，这种形式

图5-32 梯田状初保村聚落

图5-33 竹编墙面

的民居通常由木板构成。承重柱、梁结合点以下的主要材料，结合点以上则选用精心编制的竹片材质，构成一种依然以葵叶为顶、竹木为面的独特的船型屋民居（图5-34）。

初保村民居样式的最大特点在于干栏式船型屋形制，这在目前所发现的黎族传统聚落民居中极为罕见。村内干栏式民居大多营造在落差较大的山地层面，利用地面落差因势利导地构筑符合地理环境的民居样式。初保村民居材料的来源非常丰富，其他传统村落中可见的材料在这里均可发现，同时又体现出本村用材的独特性。干栏式民居主要由黎人加工后的板材构筑，整根树木加工为方形或矩形后用于主要的支撑结构，地面与墙面均采用木板，二层的辅梁则多见采用整根竹子。出于牢固性考虑，在干栏主承重柱的处理上采用两根木柱捆绑形式，部分干栏少见柱身留有孔洞，用于柱与柱间的木方连接加固，但并非榫

图5-34 船型屋民居

图5-35 藤条捆绑的建筑结构

卯结构（图 5-35）。上层建筑与洪水村相似，均设有窗体，灵活地解决了板材围合带来的通风问题。但村内多数传统低脚船型屋及落地式船型屋仍采用不开窗体的墙面形式（图 5-36、图 5-37）。

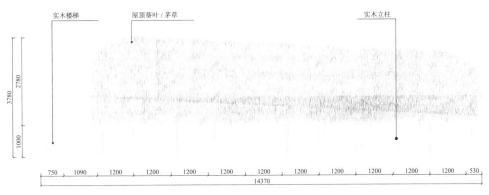

图5-36　低脚船型屋测绘图（一）

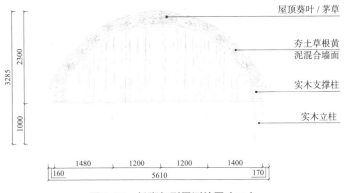

图5-37　低脚船型屋测绘图（二）

由于初保村周边盛产竹材，村内许多民居墙面会采用加工编织后的竹片作为墙面材料，通风透气效果远好于传统泥墙（图 5-38）。部分民居也会采用竹木混搭形式，下部为板材，上部为竹片（图 5-39）。在屋顶材料的使用上，同时有蓝色瓦楞板、葵叶茅草、瓦片、塑料、铁皮、油毡等多种来源（图 5-40），以茅草为主材的屋顶顶部以两条竹竿水平压于顶层茅草表面，再以藤条竹条与束状茅草捆扎连接，增加屋顶材料的稳固性。在污水排放上，虽与其他村落一起采用明渠形式，但更好地借助村内地势进行了经纬排布，使横向每户民居统一一条水

图5-38 竹片编织墙面　　　　图5-39 竹板混搭式民居　　　　图5-40 多样屋顶材料

渠，将近10排横渠汇总于一条略宽的纵向明渠，向下排出（图5-41）。为避免生活污水流入稻田，以村路为分界，灌溉渠与排水渠平行而建，互不接壤。村内落差以村路为分水岭向下更为明显，村民依势开垦出层次鲜明的梯田，以种植水稻（图5-42）。

图5-41 初保村中的明渠　　　　　　　　图5-42 种植水稻田

　　村内道路多借助地形原始风貌，选便利之处经简单处理建成，为防止土壤因雨水湿滑，不利于在陡峭处行走，踏步均由石块打磨后铺设。多数沿落差地面而建的民居基座为了稳固地基，铺设了大批石块以提升高度，着力避免雨水冲刷损坏民居基部，同时对落差地势的立面进行了同样的处理。从生态角度防护泥石流的产生，村民在山顶较好地保护了植被覆盖率，尤其是粗大树木的生长为依山而建的初保村消除了最大的灾害隐患。

　　初保旧址村内民居的保存状况普遍好于其他地区民居，主要人口虽已迁移至地势更高的位置，但仍有部分村民在原址生活和劳作。从民居室内屋顶可以清晰判断，仍在使用的室内顶部房梁等结构均因日常厨烟熏染呈现深黑色，茅草则在

图5-43　熏黑后的屋顶结构　　图5-44　村民劈竹收集建材　　图5-45　晾晒块状橡胶

不断更换维护中呈现亮度明显的茅草本色（图 5-43）。近年来，随着初保村民对传统村落保护意识的增强，日常生活中村民并未与原址民居隔绝，而是不断通过相对有限的方式维护着老宅环境的保护状态。数次调研中，均可遇到村民自发采集竹材对村内公共区域设施进行必要维护（图 5-44），胶农会将块状橡胶在原址内空场晾晒（图 5-45）。黎族卓越的手工艺加工技能既是生活中器物使用与环境维护的重要保障，更是船型屋传统营造技艺不可或缺的重要构成因素之一，只要生活的自然生态系统不发生显著变化，其传统手工技艺就会继续流传。目前固定在原址内活动的村民主要是护林员和道路设施等的养护维修人员，并无游客踏足，2018 年 4 月，村口竖立了"五指山初保村生态文化旅游度假区"的项目公示与介绍牌，虽在后期未见具体动工，但说明初保村丰富的船型屋样式民居的独特资源引发了社会资本的关注，关键问题是，在保护与利用过程中不能单纯以经济为首要目标。初保新村的营建相对其他村落开始呈现出与现代社会积极接触的迹象，新村中的民居出现了 2 层的建筑形式，在对土地资源合理利用的同时增加了村民间交流的便捷（图 5-46）。新址场所中同时出现了以船型屋民居结构为核心的现代材料构成的建筑雏形（图 5-47），在大幅提高建筑安全性的基础上，提供了保留传统民居样式风格的可能性。

初保村的现状相对其他黎族传统村落民居保护具有一定的积极意义。首先初保村原址能够较好地保存村落的场所环境，其他村落未能意识到对民居的保护需要以环境为依托。环境可分为大环境与小环境，大环境是村落外部的以生态资源为主的自然环境，小环境是村落之所以具有聚落概念的集聚性空间划分形式。很多传统黎村在迁离原址后忽视了边界的意识，只对唯一可能产生利用价值的民居或多或少地进行维护，民居虽是聚落中最突出的"点"，但失去了配套场所、生

图5-46　新村民居

图5-47　现代建筑材料

产生活用具、明确的公共空间划分状态等串联的"线"，最终无法形成聚落场所的"面"。白查村旧址最显著的问题就是过度关注民居建筑加固后缺失的场所环境因素，孤立地聚焦民居本身无法让人产生生活场景的鲜活想象，失去生活环境载体的民居更是加大了文化保护层面的难度。只有协调处理场景中点、线、面立体化的保护对象，才能够使传统聚落民居具有原生态价值属性，再生工作才可以构成支点效应。初保村原址与新村都具有保护与再生的必备条件，村民与地方政府通过适度干预的方式较好地平衡了民居建筑与环境的关系，由此可见距离并不是制约传统黎村民居保护的最大障碍。五指山地理位置的偏远使之与现代社会的阻隔力更为明显，通过形成意识上的初级保护倾向与行为，在构建新村过程中着眼于现代社会交融的可能性，并接受再生中的认知传导与价值转移形式，形成再生传统聚落民居的有力支点，就能够将地理上的劣势转化为天然环境得天独厚，再生物质资源丰富的原生态民居博物馆模式。

黎族传统民居文化中，无论哪一种祖先崇拜、生活禁忌、文身渔猎的行为现象，都在自身无意识的聚落场所演进中呈现文化演进的意味，并逐渐趋于一致。"如果对文化过程感兴趣，我们能认识经过选择的行为细节之意义的唯一途径，就是根据那种文化中已经制度化的动机、情感、价值观念的背景进行研究"①，保护初保村聚落脉络的完整性，对聚落生活文化过程的研究将准确捕捉黎人聚落民居文化，稳固黎族聚落环境与民居构成的文化维系。在传统黎村的保护过程中，核心支点受到环境因素制约，聚落风貌也是由环境影响实现的。

① （美）托马斯·哈定等．文化与进化 [M]．韩建军，商戈令译．杭州：浙江人民出版社，1987.

黎村保护支点的稳固正是建立在民居文化与环境信息之间维系的动态平衡中，也是一个聚落文化共同体。

海南中部多山地、丘陵，五指山初保村的干栏式船型屋因地制宜地结合营造的传统样式，在拥有独特保护价值的同时，也为中部城市的再生利用提供了结构模式结合上的可行性。地理环境赋予了该地区黎人的环境情感，同一民族的再生样式未必要成为统一的模式，应对山地环境中干栏结构样式的适用性进行界定，美丽乡村的宏伟布局绝不是千篇一律，再生利用也应本着"环境信息造就环境民居——环境民居保护催生再生利用——再生利用围绕环境信息"的区位循环模式。五指山有着很多黎族先祖的传说，先民文化滋养了早期地域聚落文化，生态系统的丰富性有力地支撑了民居样式的发展变化，地产竹材种类的优势在过去或现代都拥有材料特质强大的应用后盾。先民造物观的就地取材至今未曾变化，技艺的传承成为民居保护重要的技术条件，完善的民居保护也是再生的前提之一，两者共同的交叉点都在于传统聚落场所。材料与技艺的存在基础既需要生态性信息，又离不开社会信息，无论在原址或新村，保护的对象都需覆盖物质化信息与精神化信息。

5.5　中廖村民居再生的美丽乡村范式

中廖村位于海南省三亚市吉阳区，村庄紧邻国道与三亚主要干道，交通十分便捷，占地规模颇大，下辖八个自然村，占地近 7000 亩。与大多数新旧村址并存、普遍迁移至新址生活的黎村不同，中廖黎村是直接在原址基础上以美丽乡村建设为目标进行再生的一个生动案例。中廖村启动建设的时间较晚，始于 2015 年，但推进的效率在所有黎村中可谓神速，这得益于地方政府与社会各方共同协力建设。华侨城集团将该村作为新型城乡融合发展的示范项目进行打造，并承租了部分民居，将之改造为公共施舍场所与民宿经营。2016 年荣获中国美丽休闲乡村与海南省五星级美丽乡村，2017 年荣获全国文明乡村，2019 年荣获全国乡村旅游重点村、全国乡村治理示范村、第一批国家森林乡村等诸多荣誉，在海南省内美誉度极高，成为海南许多地方政府再生黎族传统村落、打造美丽乡村的主要考察学习对象。

得益于多元建设资金的相对充裕，中廖村传统黎族聚落的许多基础设置均采用现代化技术手段进行了改造，极大地提升了黎族传统聚落场所的生活质量。村落占地面积宽阔，从主干道入口修建了高质量的道路延伸至村内，同时依据功能布局修建了辅路及各类步道和骑行道。

之所以能够获评森林乡村，是因为中廖村在建设中保留了大量原有植被，并且在布局规划基础上加以丰富。从航拍效果看，几乎无法辨别村内道路、民居等主要建筑设施，均被高密度的树木植被掩映在满目绿色生态环境之中（图5-48）。中廖村聚落环境场所中改造程度最大的是黎居建筑，由于该村与主要城市的距离较近，村内传统船型屋式茅草黎居的汉化作用明显。典型的船型屋民居在初期进行了大范围的拆除，至美丽乡村模式建设伊始，在结合传统民居装饰元素的基础上进行了大胆的再生创新尝试（图5-49）。借助土地面积优势，每户民居都营建了"院落"场所，设计了带院门入口功能的围合空间，出于稳固性与维修便捷的考虑，无论入口顶部还是民居顶部都未采用传统的茅草葵叶典型材料，而以选择瓦片居多。围合院落采用与苏州园林相似的竹材编织工艺（图5-50），充分利用了海南竹木材质资源丰富的地域优势，入口两侧选用红砖或青砖配以黎族制陶工艺作品点缀，在多种绿植搭配下构成自然的围合效果。民居建筑在形制上已基本脱离船型屋轮廓样式，这与有意识地介入该村改造时间有明显关联，村民自发改建民居初期，为了单纯提高安全性和耐久度，直接借鉴了汉族民居的普通建筑样式，导致改造中对已完成结构建设的民居选用黎族民居装饰手法、在建民居选择

图5-48　中廖村航拍图

图5-49 新村民居 　　　　　　　　　　　图5-50 现代建筑材料

局部结构的传统样式进行分类处理。民居构建上采用了大量的传统黎族纹样，如鱼纹、蛙纹等，应用于围栏和窗体结构中。

　　与民居形成鲜明对比的是，村内公共空间与设施运用了大量黎族传统聚落民居建筑结构与装饰元素进行设计，沿路设立的多个黎村农业产品销售场所（图 5-51）、村内各类黎族餐饮空间（图 5-52）、儿童活动的设施设备（图 5-53）、公共卫生间单体功能建筑（图 5-54）、黎族歌舞演绎场所（图 5-55）和黎族织锦技艺体验场所（图 5-56）等，融入了丰富的经典黎族传统聚落民居元素。这种处理形式在一定程度上缓解了黎族传统聚落场所改造中民居风格相对不足的问题。对于中廖村现状的解读从传统民居保护上已难以成规模地进行，再生的范式并不在于民居个体，其民居建筑的再生本身是一种不及时的或被动进行的再生产物，单体效果并不理想。中廖村的传播度与认同度偏高，主要基于其整体性的生态保

图5-51 农产品销售场所 　　　　　　　　图5-52 黎族餐饮空间

图5-53 儿童活动设施

图5-54 公共卫生间

图5-55 黎族歌舞演绎场所

图5-56 黎族织锦技艺体验

护、民俗保护、传统技艺保护以及引入了管理公司联合经营性管理的综合创新模式，对于普通游客而言，全面完整的服务系统与特色环境可以满足预期，但从学术角度审视，这种市场成果范式的理论与实践价值则需区分看待。

与海南其他黎族聚落民居环境的保护与利用相比，中廖村整体改造已经有了实质性的突破，取得了显著的社会成效，较好地完成了美丽乡村建筑的各项主要指标。但从民居建筑的传统技艺保护与传承角度来看，则相对乏善可陈，社会商业资本与运营的有利支撑，在一定程度上降低了黎族传统聚落民居再生时原真性的有效传递。黎居的合理再生并非还原完整的船型屋结构，关键在于抓准理想体现认知度的外在民居构件形式与适度的易辨识性材质应用，仅对现代民居局部装饰部件采用小面积植入的方式难以从整体上形成对传统聚居的理想再生。需要承认与面对的现实情况是，黎族传统聚落民居的再生载体很大比例上是一种呈半成品状态的建筑，因而不能简单地仅从外观的船型轮廓判断再生标准。中廖村的现状已然是一种整体提升、能够自我良性循环输血并被旅游市场认同的有益尝试，在民居再生环节的欠缺不能掩盖其取得的良好总体示范效应。村中商业实体团

图5-57　现代建筑样式

队有着丰富的实践经验，例如，利用原有废弃残破的石料建筑，在不改变"遗迹"墙体的情况下，紧邻墙面在内构建玻璃幕墙、钢架结构的现代建筑样式（图 5-57），收到了良好的对比效果。社会力量出资方的选择与方式无可厚非，民居传统样式的保护与准确再生并非企业的强制性责任义务。但由此可以得出一个合理的责权划分，地方政府在引导宏观村镇改造目标愿景中，除各类政策帮扶外，应出台针对改造环境中具有民族风格的建筑遗产的保护要求，对于难以长期保存原状的民居，则在明确不应拆毁的基础上强调再生利用传统民居，组织专家论证有效保留原真性尺度的把握问题，并设立专项资金支持。将最大的聚落民居文化历史责任明确交由政府规划与组织的行业专家团队，由企业承担商业开发与运营的社会责任，资金上设立对口专项，能够切实提高黎族传统民居的保护力度与再生动力。

中廖村对于黎族织锦技艺演示等传统民族手工艺文化传承的功能性设置是非常合理的。无论是对外吸引游客获取新奇感，还是对内使黎族村民巩固自身传统技艺，增添民族自信心，都是收效显著、值得推广的形式。值得思考的问题是，如何打破黎村再生过程中对传统技艺的同质化建设，海南在建美丽乡村大都建有黎锦及相应的手工艺产品展示销售场所，但没有差异化发展，所有黎村产品的一致性不利于乡村特色与个性化建设。中廖村运营团队创作了代表村落形象的卡通人物，广泛应用于民居墙面装饰（图 5-58）、指示牌（图 5-59）、观光车外观（图 5-60）等适宜承载传播视觉形象的介质中，为聚落环境添加了趣味性，属于行之有效的个性化形象推广。从黎族自身文化特征可以探究到再生设计的差异化设计策略，海南黎族的五个方言区依据方言所划分的聚落地理区域范围，所有黎村分布在五

图5-58　墙面卡通人物　　　图5-59　指示牌　　　图5-60　观光车外观

个不同方言的地区内，从语言到服饰色彩样式以及文身符号都有显著的区别，这些千年演化的区域特征既整体构建出了黎族的丰富文化内涵，也为再生黎族聚落文化提供了重要的基础构成要素。黎族传统民居中的很多结构样式、装饰符号来源于服饰、文身元素，例如中廖村属于润方言与哈方言的交叉位置，可以选其一进一步浓缩黎族工艺、习俗等差异化再生的着眼点范围，再结合本村发展历史、民居样式习俗的演化历史、生态植被与作物的种类客观情况，提炼出既独具中廖村特点，又符合所属黎族区域特征的再生要素。

中廖村的传统聚落环境再生是黎族发展过程中的一个重要阶段，从根源上克服了人口外流、经济收入、生态环境整治、环保基础设施应用等问题，从制约黎族传统聚落民居原生态保护与再生的外因上探索出了一条符合客观、具有一定范式意义、可选择性借鉴的必由道路。但对于再生内因的发掘将更为系统和长期，不同客观保护现状下的黎族传统聚落民居的内外因各不相同，需要根据实际情况平衡内在保护与外因再生利用的主次关系。中廖村以国家美丽乡村建筑主要指标为标准的范式的价值在于合理借助、利用外因的有利条件，带动全村与社会受众人群构建了便利的互动体系，以一种良性的乡村黎族风情休闲旅游环境模式促动内因中的传承黎村传统技艺文化保护，单就商业模式而言无疑是比较成功的案例，但从传统民居的原真性传承保护而言，尚需以更加严谨的态度和责任感重新审视。

5.6　什寒村民居建筑语言碎片与再生诊断

什寒村位于海南琼中黎族苗族自治县红毛镇海拔800米以上的高山盆地中，森林覆盖率极高，常年云雾缭绕，水资源丰沛，被誉为"天上广寒，地上什寒"。

《琼中地名志》记载，历史上什寒村的主要功能为驿站，古称"打寒"，是相邻县府交通的必经之路，拥有支撑彼时政治、军事、经济价值的古道，清朝末年，美国、丹麦的传教士在海南考察时也曾造访。村落在山地环境中依地势开垦了种植水稻的梯田，借助茂密的森林植被养殖蜜蜂，规模已过千箱，同时利用高山气候种植了铁皮石斛数十亩，黎族语言中的什寒村就带有表示寒冷的稻田含义，村内外标示的汉字"奔格内"为黎语"来这里"之意。村落四周被 10 余万亩自然林木围绕，加之海拔相对较高，形成了世外桃源般的乡土聚落环境。2013 年获评"最美中国乡村"，2017 年被国家民族事务委员会评为"中国少数民族特色村寨"。

　　该村是海南少有的两个少数民族融合共居的聚落乡村，村中黎族、苗族和谐共处，黎族约占全村五分之二的常住人口。目前入村道路虽在原有砂石路的基础上加以改造，但因弯道陡峭，路面狭窄，双向车辆相遇时极易发生危险。村口的停车场还设有箱车旅馆和帐篷配套设施。什寒村与中廖村都选择了引入社会资本共同合作的方式，近年来通过承办多个大型赛事与活动扩大了影响力，伴随游客的逐渐增多，全村整体改造得以开展。村内民居建筑处于四种形式并存的状态，包括典型的传统黎族聚落民居、逐步汉化的黎族改造民居与苗族民居，以及再生利用的新民居。其中逐步汉化的两族民居为村民自居的主要样式，在建筑形制上黎族和苗族并无显著区别，主要靠各自墙面纹饰及局部构件样式来区分，屋顶普遍采用汉瓦，并完全根据通风采光需要在墙面开窗，样式与汉族规格一致。民居山墙墙面类似白族的处理手法，借鉴我国传统建筑样式"悬鱼"绘制典型装饰纹样（图 5-61）。具有对外服务功能的建筑则保留了大量的黎族传统民居元素——屋顶的茅草葵叶、大量竹材结构与编织墙面；考虑到村内多山地的实际情况，屋基和街道立面均采用了石块与水泥加固的方式。很多村民为分享发展带来的红利，将民居改造为农家餐厅，从屋顶延伸一段用于遮阳，搭建出相对独立的通透用餐场所。在多数售卖民族特色工艺产品和农产品的单体建筑上，几乎全部采用竹木材料。

　　什寒村的道路充分结合所处环境，采用石板主材，铺设了自行车绿道和局部木栈道。村内较为开敞的公共空间建成了民宿和现代居住

图5-61　"悬鱼"绘制装饰纹样

建筑，与周围的民居产生一定的视觉反差效果。真正体现再生理念的建筑是位于村内主干道一侧的高端民宿群，采用黎族干栏式船型屋为样式基础，距地面50厘米处搭建木质步道，其上50厘米营造再生民居，以多级踏步形式进入室内。建筑外观上延用船型屋轮廓，利用仿茅草现代材料装饰屋顶，入户墙面采用仿木纹生态木材料，相邻两侧墙体则大胆采用落地钢化玻璃，以凸显民居（图5-62），室内完全根据现实生活需要布局，采用现代化设备提高居住舒适度，这种再生式民居的营造带来了极高的用户认可度，在海南旅游旺季，干栏式船型屋民居客房的预定需要提前一周时间，并作为新型再生民居的代表成为主要取景地。但是，部分再生民居的材料选择并未遵循传统，裸露的现代材料外表与非黎族民居彩色的墙体影响了再生建筑群的风格统一性（图5-63），在高低起伏频繁的村内行走，各类样式不同、风格各异的民居让人产生建筑语言碎片的复杂感受。

图5-62　高端民宿建筑　　　　图5-63　干栏式民宿建筑　　　　图5-64　"水寒居"茶室

　　一个罕有的黎苗聚居的村落天然存在着两种差异明显的民居样式，在与现代社会交融的过程中不断呈现汉化民居样式的同质化发展倾向，为满足村落开放的服务功能传导，再生了传统聚落民居。什寒村再生建筑主要集中在基于黎族传统船型屋民居与依据传统元素完全新建民居两种样式。代表性的船型屋再生案例是村内的茶室场所"水寒居"（图5-64），再生设计中整体保留了黎族船型屋结构样式，在屋顶结合了金字屋式拱顶，以增加通风效果，依旧延用茅草葵叶为覆盖材料。墙面材料发生了明显而不失特色的改变，窗户以下采用石材增强稳固性，表面以碎石组成简洁装饰纹样，上部则完全采用竹材结构，既起到支撑屋顶的作用，又通过不同规格与长度进行构成式的立体装饰，为了营造茶室氛围，在屋顶下部悬挂了竹帘。茶室入口处以黎族陶艺为主体、以石材为基础的装置性标示和竹片编织的入口墙面与周边环境融为一体。

偏远的黎村难以保存成规模的传统民居，多数在搬离遗弃后自然损毁坍塌，生态博物馆式的保护并不适合大多数传统聚落黎居，再生利用成为最合理也是最实际可行的选择。在传统聚落民居再生设计过程中，需要对再生对象进行"诊断"，尤其在未搬离原址生活的村落中，再生不可避免地需要和村民发生联系。与原生态所有者的沟通是迈出再生的第一步，研判再生使用功能，完成再生改造后的运营方式，信息共享的理念等环节，也是充分论证可行性的重要的前期工作。再生对象的使用周期也是直接影响工程规模与资金投入的重要因素，尤其当以村为规模的群体性民居再生时，规范系统性的再生诊断更为重要。从一般现存传统黎居的外观表面可以初步发现普遍存在的墙体泥块龟裂、草根风化带来的局部掉落、长期缺乏修缮导致的墙体龙骨结构裸露等表象问题。再生利用的诊断需要对主要支撑结构的腐蚀状态与墙体木龙骨间捆扎的牢固程度进行全面检查，判断现有结构的承重强度和在改造中的耐久性。在日照充裕的环境下，从传统黎居的色彩感可以判断墙体内部牢固性的退化度，不规则的暗色块状分布说明墙体泥块附着力损伤；从室内屋顶梁结构未被炊烟均匀熏黑的位置可以判断结构偏移或伸缩率变化等性能问题；从主要立面墙体与地面衔接处裸露的龙骨可以判断埋入地下部分的腐蚀程度。很多情况下，再生利用传统民居因缺乏统筹计划导致再生行为半途终止或失去再生价值，以下措施有助于再生目标的顺利实现。

（1）完善协调机制。与再生民居所有者的沟通需要借助所在村、镇主要负责人的支持与协助，指定完善的前期规范性约定文件，依据再生规模组成村、镇一级的再生利用专门委员会，由公信力较强的地方领导、黎族族长与再生实施方、建筑遗产保护设计专家学者共同组成，有效协调再生项目推进中所涉及的专业问题。

（2）指定再生计划。通过初步的再生诊断得出一手再生基本问题清单，以会议或问卷的形式告知所有者建筑存在的问题与相应的处理方式。

（3）完成与通过再生设计方案。完成再生设计方案后，召开全体再生民居所有者大会，详细解读再生方案，在地方政府的监督下表决通过方案实施决议。

（4）再生实施与预先组织。一方面确定村内再生民居的动工面积，合理划分流通动线与施工动线，尽量减少施工过程对居民日常生活的影响，尤其做好消防应急准备工作；另一方面在适当位置设立宣传栏，根据进度定期宣传再生进展与公示必要信息。

（5）资料信息整理归档与维护管理。再生工程竣工后，将全部资料整理建档并妥善保存。在村内建立由村民重点参与的日常维护团队，与运营主体协同管理。组织专家论证再生实施效果，总结经验与不足，以利于不断完善再生设计与施工管理。

日本学者松村秀一对建筑再生的诊断要领有具体的分类论述："第一，有必要对建筑的损伤进行判断，究竟是由于时间太久而退化，还是属于建造时的瑕疵；第二，判断紧急性事务；第三，决定大规模修缮的时间和内容；第四，如果在大规模修缮和改善中有无法应对的情况，就要进行改建"。[1] 根据对黎族传统聚落民居建筑的再生诊断，黎居一般不存在因建造环节的瑕疵造成的后续使用的明显损伤。绝大多数是由于极端气候，或者内部老化所致，因此黎居损伤主要归因于近年来的气候与人为因素。很多黎族传统村落民居因闲置而呈现明显的破败痕迹，具体再生工程实施前应对所有再生对象的现存状态进行危险性筛查，在对整体黎村传统原生态民居进行再生行为时，规模越大的黎居越需要进行保护性修缮与再生应用的具体定位区分。一般情况下保护性修缮的工艺精度与技艺流程的受限性较强，所需时间更久，同时经过保护性修缮的黎居效果可作为再生黎居的整体风格统一参照对象，易于使后完工的再生建筑在过程中比对原生态综合性充分的黎居，既利于再生完整性、原真性的准确传递，又可在实施过程中合理分配人力物力，更合理地规划再生行为实施时间节点；在大规模修缮黎居或大规模再生时，遇到不能够应对的情况，例如，民居原址地势不适宜承载居住功能，地方政府或政策对再生利用该村民居的规划定位发生变化，连接乡村与城镇主要交通道路发生重要变化等，应结合具体情况适时将再生目标转为以修缮为主的黎居保护。

传统黎居的生存环境正在逐步恶化，受现代文明影响的传统村落越来越多地出现不同时期、不同风格、不同形制的多种民居样式并存现象，并在无序发展中传递出一定的建筑语言碎片化。曾经作为传统聚落环境风貌中地标价值的黎居建筑在新型现代民居无风格化的冲击下愈加显得柔弱易碎，传统的农耕渔猎文化也在外出务工的人员流失中不断向现代基础农业靠近。传统的文化生态环境系统经受着多元文化的不断撕扯，民居与环境在逐渐引发关注的乡土地域中更显破碎，建筑语言的碎片化背后是聚落文化的破损。没有任何力量能够驱使任何民族回到过去，面对现实社会发展的急速交融，不被彻底同化并泯灭消亡的主要途径是在

---

① （日）松村秀一.建筑再生 [M].范悦等译.大连：大连理工大学出版社，2014.

保护基础上的再生利用，历史上的原生态物化环境与精神环境确实无法重现，但文化脉络可以在再生中延续，核心问题在于精准地进行再生诊断，并能够在复杂的传统聚落环境中有序地实施再生行为，最小限度地干扰与破坏原生态环境。碎片化的建筑语言会在一定程度上扰乱再生定位视野，这更凸显了再生诊断的前期价值与谨慎的科学再生态度，盲目的基于短期效益下的再生无异于彻底摧毁黎居最后的堡垒。在民居建筑再生的同时，需同步谋划文化生态环境和经济生态环境的再生。黎族曾经自给自足的原生态经济在文化碎片化背景下，在不同分布区域出现了迥异的发展模式，这些综合因素极大地制约与影响了黎族传统聚落民居建筑语言碎片的修复，对再生利用民居产生了消极影响。

5.7　传统黎族聚落经济模式对区域分布和形态变迁的影响

目前，海南省已陆续启动了自由贸易港建设、国际旅游资源开发、生态文明村建设等发展措施，这些措施可以逐步改善本土少数民族的生存和生活状态，并通过传统黎族聚落经济模式对区域分布和形态变迁的影响探究未来黎族村落的经济良性发展。

根据海南省统计局的相关统计资料，海南省传统黎族居民的生活发展现状如表5-1 所示：

2014 年黎族聚居区经济发展现状			表 5-1
	统计指标	黎族地区	海南省
物质发展水平	GDP 增长率	6%	8%
	人均 GDP（元）	28000.00	39101.96
	城镇人口比例	18%	25%
	社保覆盖率	40%	68%
	医疗卫生投入占比 GDP	4%	5%
	电话普及率（万人）	35%	50%
	电脑普及率（万人）	30%	45%
精神发展水平	大学生人数（万人）	1700	2000
	成人识字率	88%	90%
	公共教育经费占比 GDP	3%	4.3%

（资料来源：根据海南省统计局相关统计资料整理）

由上表可见，首先需要正视黎族地区的经济现状。出于自然、人文和历史原因，黎族人民的整体教育水平和信息化普及率不高，城镇化水平低，经济发展水平相对较弱，整体经济发展速度较为缓慢。加之海南省目前的面向全球引进百万人才的政策措施，更进一步导致黎族人民在人力资源市场上的竞争力处于劣势。在这种局面下，想要过上更好的生活，就应该逐步学会以经济学的视角看待现状和处理问题。

纵观古今和世界范围的社会发展，人类始终面临"资源具有稀缺性"的约束，而其中古老少数民族的特色文化更是稀有。"物以稀为贵"，这种资源越是稀有就越珍贵，实际上恰恰是发展特色经济的一个有力的着力点。所以，设计者应当以"理性的经纪人"的视角深度挖掘当地的民族特色优势，而不是一味地进行标准化的城镇化发展，或者希望年轻人离开家乡走出去。这样实际上既不能从根本上解决黎族人民的生活现状，也不能有效地发展当地经济。而通过挖掘自身特色，就地取材，就地改进，将少数民族特色和经济发展结合起来，才是长远发展之道。

从经济学角度审视黎族聚落现有的经济发展状况，并提出改进建议。改变契机和优势条件如图 5-65 所示。

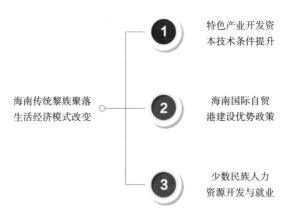

图5-65　黎村经济发展状况改进建议图

首先，一个地区的快速发展离不开便利的交通条件，因此需要政府大力改善黎族地区的交通便利设施。目前，海南全省已经实现全省环岛东西线的动车开通，但是高速干线仅能抵达较大的城市，而黎族人民聚居区往往是远离城市中心的村落。因此，从周边的城市再到黎族村落的交通并不便利，道路状况也不理想，往往需要乘坐中巴车或小汽车颠簸三四个小时才能抵达。而到目前为止，始终没有更高速快捷的抵达方式。因此，"如果想更好地发展本地经济，首先就要扫除交通不便利这个发展障碍"。① 政府应大力改善通往黎族聚居区的道路状况，才会使潜在的投资者愿意投资，游人愿意消费。

其次，从机会成本的角度分析，成本并不仅仅意味着花出去的钱，相反，放弃的价值才有可能是最大的成本。因此，离开原住地，到大城市做低回报的工作，既不利于黎族文化的保护，也无法从根本上改善黎族人民的生活，而开发本地有民族特色的旅游服务则更有可能为本地居民创造收益。

根据海南省的实际情况，在当地发展工业并不是一条可取之道。首先，本地区工业基础薄弱，而且缺乏特色工业产业，而发展工业还有可能破坏当地珍贵的自然和人文环境。我们所要探讨的并不仅仅是单纯的经济发展，而是在保护原有少数民族文化遗产基础上的长远发展。否则就会出现环境破坏后市场失灵的局面：从短期来看，有可能刺激经济增长，但从长远来看，本地珍贵的自然和人物环境破坏殆尽，未来就失去了可持续发展的资源。

众所周知，游客对于浓郁民族特色的旅游景区总是比较偏爱的，尤其国外游客对中国传统文化元素兴趣浓厚。在国家建设海南自贸区自贸港的大环境下，黎族人民可以积极借助政府政策扶持发展黎族传统特色经济，比如建立少数民族旅游风情区或者度假村，利用黎族独特的文化特色吸引海内外游客。借助传统黎族民居——船型屋的造型建设民宿，甚至可以在不破坏原有旧船型屋的基础上对其进行现代化改造，使之适合游客居住。同时将黎族传统装饰物、纹样、图腾和家居用品融入其中，推出黎族特色的工艺品和家居家具的售卖与制作体验，还可以让游客参与黎族特有的一些少数民族活动，这样既宣传和保留了黎族的少数民族文化，又抓住了游客的兴趣点。

同时，在建设海南省自贸港的背景下，积极利用跨境电商的优势，不仅以更优惠的价格引进国外产品，而且更便利地推出海南省当地的特色产品。例如，可以打造黎锦的产品知名度，利用跨境电商平台将市场开发扩展至海外。黎锦作为黎族独特的手工艺品，其制作工艺复杂，成品精美。由于是纯手工制作，任何一件传承人织就的黎锦都是独一无二的，黎锦的价格也从几百元到上万元不等（根

---

① 罗君名 . 海南黎族居民生存状态的经济学分析 [J]. 产业与科技论坛，2015，14：85-87.

据作品的大小和纹样的复杂程度），而均价则在千元以上。根据需求第三定律，黎锦在本地价格相对较高，"但是当消费者必须支付一笔附加费时——如运费，那么高品质的产品相对低品质的产品就更具性价比了，而这笔附加费越高，高品质的东西就相对越便宜"。[①] 当本地人望而却步时，国外消费者却会因为如此精美的产品并没有异常昂贵而购买，加之国外消费者对中国传统元素的偏好，精美华贵的黎锦在海外市场上也更有竞争力。这样既可以吸引本地年轻人学习黎锦的编制技艺，将中国传统少数民族手工工艺传承下去，又向世界宣传了海南特色文化和中国少数民族传统文化；既可以解决年轻人的就业问题，又可以帮助发展当地特色经济。这个过程中也不能忽视黎族聚居区的教育文化事业，要继续大力发展和提高当地居民的文化水平，积极推进电子信息技术和英语的普及率，有助于当地居民面对世界范围内更广阔的客户群，更好地融入海南省自由贸易试验区的建设工作。

---

① 薛兆丰. 薛兆丰经济学讲义 [M]. 北京：中信出版社，2019.

第6章　生态文化理念下的黎族民居再生设计

6.1　黎族传统民居文化与生态环境

　　黎族作为海南最早的开拓者,在数千年的繁衍生息中既是民族文化的创造者,又是生态环境变迁的见证者。黎族世代相传的民居技艺得益于优质的生态资源环境,良好的生态环境滋养了黎居文化,黎人在适应自然并适度改造自然的漫长过程中逐步形成了具有鲜明地域性特征的少数民族建筑文化艺术。从沿革至今的黎居样式与材料仍可清晰地判断出黎人先祖对生态环境的高度依赖,并始终在行为模式中自发地践行生态环境优先的民族生存法则。即使在现代社会环境中,人依旧是自然生态系统的产物,来源于自然并需要与自然生态环境协调共生。能够演化出典型的地域性民族建筑文化,与黎人的生态环境密不可分,海南生态环境的变迁直接影响着黎族住居文化的走向与演进。

图6-1　黎居墙体色彩

海南生态植被覆盖率呈现沿四周海岸线逐级向中心递增的显著趋势，地貌上也与由平原—丘陵—山地逐步升高的地势相应和。海南中部地区也是五指山等主要山脉集中的生态腹地，全岛属热带季风气候，虽常年受到台风、热带风暴等极端气候的影响，但所带来的雨水在一定程度上反哺了地方农业生产。海南北部因火山作用，分布大量的火山岩，成为琼北地区民居的主要材料来源，迁徙而来的汉族逐渐掌握了运用火山岩与木构件相结合的民居营造工艺，其样式正是后期黎族金字形船型屋民居的演化原型。由于借鉴了内陆中原地区木构件营建技术，琼北民居出现了独特的墙倒而木结构屹立的巧妙结合，充分利用了生活周边环境的天然资源，与黎族对生态环境的依存如出一辙。琼北的土壤多呈砖红色，而琼东南雨量更为丰沛，土壤红中偏黄，这种土壤的地域性分布特性直接体现在黎居墙体色彩中（图6-1），使得不同区域内黎族聚落民居的整体风貌在风格统一中带有迥异的色彩倾向，间接地彰显了生态环境差异性所导致的住居风格导向，并合理地诠释了不同方言地区黎族聚落间的文化艺术风格发展差异。五指山地区的山地催生了黎族干栏式船型屋的出现，热带雨林海南红、白藤的优质属性成为民居构件捆扎的有效原始材料，丰富的竹木种类使黎人在捕捞、狩猎或民居框架营建中得以运用大量韧性绝佳的竹材，葵叶茅草的"野蛮生长"为民居遮风挡雨提供了最为便捷的"常青式"全天候备料。得天独厚的生态系统为黎族民居建筑营造与文化构成注入了无限的持久生命力，愈加凸显了黎居文化的生态建筑特性。

海南生态环境类似一个相对独立且功能完备的生态系统，在与内陆隔海相望的咫尺间顽强地自我循环。海洋气候环境的作用为海南生态系统带来了莫测的变化，生态环境自有独特的应变之术，外部影响或促使一个种类的消亡，系统仍会做出相应的调整，从而保障生态链条的流畅。黎族先民的生存、黎居文化的发展无一不遵从生态环境的指针，似乎从人类本源上再次验证了环境与人类文明的深层脉络关系。生态环境深度影响了福荫下的生命，黎人在生产生活中沉浸于周边生态环境，不可避免地形成了聚落文化生态环境，并随着海南生态系统的自我调节而不断适应变化，与汉族住居文化的融合同样源自生态系统的适者生存法则。不同之处在于社会高速发展的形态模式超越了古老生态系统渐进式的融合效率，单纯依靠机体的"自我免疫"自然规律无法弥补巨大的发展鸿沟。现实的矛盾问题与海南经济特区、生态大省的不同定位具有一定的相似性，时下的自由贸易试验区建设同样也为黎居文化的存续指明了新的方向。多元文化的交融与艺术形态的百花齐放符合世界多极化的大势所趋，作为自由贸易"原住民"的黎族与黎居文化，也将再次面对原始生态系统与国际多元文化系统的碰撞交融。文化的精妙一定程度上在于因势利导的交织与重构，任何地域民族的住居文化都在变革中不断重生与发展，传统黎居建筑将在新时代背景下的又一轮变革中适应新的文化生态环境。接受变革与主动求变需要借助一定的外力，社会各界对于海南地域民居文化的关注与传统文化复兴的历史使命已然在美丽乡村、田园综合体等的车轮带动下不断向前，这是任何一个历史时期黎居文化所未曾有过的庞大推动力，建筑遗产保护设计与文化生态环境研究学者作为催化剂，也将系统性的再生黎居文化代入现代社会文化多样性的生态环境整合中。正因为需要科学严谨的态度对待黎居再生，从生态环境中走来的黎族传统民居仍会在生态文化的印记下重塑现代价值，以设计艺术文脉的涌动激活传统建筑生态支点。

6.2　环境反哺生态再生

在我国城乡一体化融合发展的大背景下，城市与乡村的界限逐渐模糊，传统聚落的乡土民居建筑不断被现代文明框架内的模式化建筑所蚕食。一方面，地域性民居逐步失去居住与防御兼顾的必要性；另一方面，同质化严重的现代民居建筑愈加成为人与自然环境交流的障碍。面对新的历史发展时期，黎族传统聚落民居在不愿失去原生态特征的诉求下得以再生利用，除了坚守传统习俗外，还需正确看待再生中对传统营造技艺细节的部分改变，从建筑材料、室内环境、采光通风、周边环境、节能减排等多方面审视再生设计着眼点，具体如下：

（1）黎居再生设计技术需满足牢固性和安全性，其中对材料的使用要结合现代技术工艺，在利用新型工业材料的同时，可适度降低主要承重柱、梁对原木的依赖程度。成规模地整村再生传统黎居时，可利用现代材料结合原木纹理的装饰面效果，这样既减少了木材消耗，又提升了建筑承重效果。局部墙面材料可适度保留传统泥草混合物装饰面，或由现代钢筋替代木质龙骨，以及利用内嵌式轻钢材质构筑墙体的主要轮廓结构。

（2）黎居对室内通风的处理在传统形制上并无顾及，但相对密闭的室内空间舒适度极低，并且易于加剧病害的传播，完全不开窗的习俗在再生中需要接受科学合理的改良与变革。在墙体开窗的前提下，借助传统黎居墙面材质特性，室内空间具有理想的通风透气效果。单体传统黎居的再生并非一定要安装空调，作为民宿的再生民居可根据空间布局情况决定是否安装，而对于改变使用功能的再生民居，在不扩建的前提下可不安装空调，扩建的再生民居依据朝向和高度减少安装数量，以期提高再生民居的室内生活环境品质。

（3）黎族传统聚落民居的精华部分体现在以处理一切与自然环境的关系为出发点，黎人先祖深谙长久的聚落生息必须将自身融于环境，天人合一的造物观与独特地域环境造就了黎居与众不同的生态民居文化。自然环境中的有形资源自古被黎人所熟练应用，但无形的阳光资源从未在民居采光中得以施展，传统的船型屋民居屋顶茅草下垂极低，覆盖面积完整，加之墙面无窗，造成了白日室内漆黑的视觉效果，非常不利于日常生活。"当所在房间的地板有15%—25%受到阳光照射时，人感到最为轻松且精神集中；而低于10%时，人的情绪低沉、精神沮丧；高于45%时，人则逐渐表现出紧张、烦躁不安"。[1]黎族的聚落环境多为热带或热带与亚热带交接地带，光照充足，可广泛应用太阳能设备。此外，再生民居的屋顶结构还可采用局部透射的设计处理。

（4）对原生态民居材料再利用的处理。借助生态民居博物馆的再生理念，再生民居建筑无论使用功能定位如何调整，具有视觉语言符号性质的特色材料均可取自损毁、坍塌的老旧黎居。传统黎居聚落环境的主要特征之一即是生态性，其生活环境周边的自然属性材料经手工艺编织加工与岁月侵袭，虽呈老化状态，但历史风貌感更加浓郁，可以成为纯粹的再生民居装饰材料。

（5）"通常情况下，建造一栋建筑所消耗的能量只相当于其在使用寿命中所消耗的全部能量的10%—20%，而大约50%的能耗会用于供暖、供冷、通风和照明，以创造一个人工的室内气候，因此现代建筑比传统建筑对环境有着更大的负荷，节约运行维护的能量是其生态设计的重头戏"。[2]不能无节制地依靠现代高耗能、高排放设备换取所谓的舒适度，尤其是在原址进行再生利用的聚落民居环境，这样会对再生民居周边生态自然环境产生一系列的不良影响。反之，应充分借助所处环境的自然优势，如风能等。泰国的地理位置和所处纬度都与海南相近，民

① 朱国庆. 生态理念下的建筑设计创新策略 [M]. 北京：中国水利水电出版社，2017.
② 朱国庆. 生态理念下的建筑设计创新策略 [M]. 北京：中国水利水电出版社，2017.

居的相似性较高，建筑造型呈椭圆形，类似我国的干栏式民居。它们充分利用了风能，风从入口进入室内后，会形成循环上升的气流，带动民居自然通风（图 6-2）。海南自身风能资源丰厚，在西部海岸沿线建有大型的风动机组采集电力，黎族再生民居的设计应优先着眼于自然资源的合理运用，而非直接的物化索取，风能与前述的太阳能均可成为现代科技智慧发展惠及下的绿色清洁能源。

图6-2　泰国传统民居

（6）黎居的再生目标除了具有居住功能的民宿以外，还有大型的公共空间建筑。海南多雨季，雨水的丰沛曾给传统村落带来地质灾害的侵袭，今天却可成为再生建筑运用生态资源的有效工具。对完全保留船型屋式形制的再生建筑而言，屋顶的倾斜角度便于雨水在两侧的收集，仅需合理布局水渠等收纳渠道与贮存设施，即可实现雨水的再利用。对于改变外观形式的再生建筑，可借助屋顶面的有效面积收纳雨水，用于消防喷淋装置，并在海南炎热的夏季有效降低室内温度，提高舒适度，"利用大面积屋面的雨水可节约 50% 的上水道供水量"。[①]

　　日常生活污水的排放量会随着民居再生利用的实施而增加，传统的明渠自然排放无法适应理想的生态环境保护要求，也不符合再生场所的美学标准。传统排水明渠的形式和状态完全可以保留下来，但功能上不应继续传导，排污作用可在

① 朱国庆 . 生态理念下的建筑设计创新策略 [M]. 北京：中国水利水电出版社，2017.

再生中以地下隐蔽工程的形式完成，原明渠可作为串联再生场所内建筑诸单元的"连接线"，承载回收雨水的流淌效果能够成为有益的传统聚落视觉语言补充，增添流动的生态信息。海南很多老城区、城中村都建有水塔，为生活提供保障。雨水经净化工序后有不同的用途，并可设计为再生场所环境内的水系水景。对自然资源的节约使用也是再生民居建筑生态内涵中的传统场所精神体现，再生的具体形式与内容需要充分结合生态资源并源源不断地传递生态信息。黎居世代逐水而建，从未因自身需要而改变河流的良性生态循环，以生态为本的原始观念在今天依然成为再生传统民居的核心价值观。

在再生黎族传统聚落民居的过程中，从原生态理念传导角度更应高效利用自然环境资源。再生民居作为具有一定现代建筑属性的产物，理应充分利用高效的气候资源，实现最低消耗与排放目标下的室内生活品质追求。当今受众对使用功能的认同，物化形式与生理满足绝非再生的主要价值，将传统民居建筑文化中的生态气候资源有效转化为功能的价值，才是最令人推崇的传统民居建筑再生精髓所在。整体统筹黎居再生的综合因素运用是一个相对复杂的知识系统，不能单纯依据使用功能自内向外推导设计，黎族传统聚落民居的再生是建立在完全结合所处不同环境场所中的内外因共同作用的整合性统筹设计活动，自身的价值感因而不局限于再生后的利用，再生过程的思维架构与设计谋划同样具有设计行为的本质内涵。

6.3 文化生态环境再生的重要维度

人们对环境的感知，首先是基于整体环境与情感的反应。"在《建成环境的意义——非言语表达方法》中，将'功能'的潜在方面理解为环境的作用，提出了认识到功能在潜在方面的体现，即梳理出在建筑环境中活动的四个部分，结合黎族传统聚落环境，可以理解为：①黎人活动本身；②黎人活动的特定方式；③黎人联想的活动；④黎人活动的意义"。[①] 黎人 3000 年的活动孕育了其独特的生存方式，这种形式中自然体现出黎人对于造物思想、造型隐喻、线条抽象描绘等

---

① （美）阿摩斯·拉普卜特. 建成环境的意义——非言语表达方法 [M]. 黄兰谷等译. 北京:中国建筑工业出版社, 1992.

的崇拜与联想来源，进而形成黎族先民内循环的普世认同。早期黎人的传统聚落环境与民居形制也可理解为没有脱离功能的本初、自发式结合，建筑与环境的意义亦是功能的一个重要组成部分。如黎锦、牛皮凳、船型屋、谷仓、明渠、水井、道路等，从文化生态的角度标注了黎人群体的"同一性"。这些有鲜明形式感的黎族要素不仅形成了可见的、稳定的黎人文化生态类别，同时富有了意义，即当设计师尝试将它们与通识性极强的图式结合时，它们也能够"转译"出黎人传统聚落文化生态环境的代码。

黎族传统村落民居 3000 年来始终秉承宁愿"设计不足"而绝不"设计过头"，黎人聚落文化生态环境并非布局紧凑，而恰是一种建筑与环境之间松散的结合。

黎族民居建筑属于典型的乡土建筑，但又区别于西藏佛教建筑，不具有宗教建筑的特质。黎族船型屋的乡土设计与陕西关中地区的窑洞民居有一定的共性，均属于"生土建筑"的范畴，具有鲜明的地域特色，以及就地取材和相对简洁的形制与营建工艺。即使经历数千年的演化与变革，仍然具有黎人特有的对于原始崇拜文化思想的表达与呈现。笔者在多年的跟踪田野实地调研中，逐渐总结出黎族传统聚落环境对于黎人自身与民居建筑文化的意义所在。首先，黎族传统民居建筑具有符号学的语言意义，以及鲜明的象征性崇拜与造物观的传统文化思维；其次，黎族民居具有一定程度的非语言交流的性质，与人类学、心理学、生态学和文化学等有极强的交叉性。

黎族传统民居的形制受到其文化生态环境中的信仰崇拜、习俗习惯、方言符号等因素的影响。黎族各方言区的文身形式即具备典型的符号特征，这种"铭刻"于皮肤的装饰符号在体现方言地域归属划分的同时，也表达出语言性。黎族有语言无文字，文身上丰富的装饰符号高度概括地传递出黎族的装饰语言和感情。因为黎族传统民居的形制相对简单，故而承载了流传至今的装饰符号的抽象化应用，体现在建筑上，就形成了符号学的语言"转译"。黎族同一方言区的传统民居样式极为相似，与文身符号的地域属性殊途同归，实现了通过符号学对建筑外观装饰样式的脉络构建，体现出黎族传统民居构建中的象征性；在黎族传统文化中，民居建筑中的诸多象征为族群、受众与设计师所认同、理解和运用。例如黎族民居中承重的柱子与主梁的性别象征，体现出少数民族具有共性的、对于男性阳刚之力或生殖繁衍的崇拜。如果将黎族传统民居结构中的象征转化为独特的设计形式，必然总结出某些共性的特征，在多种案例中实现民族艺术的可辨识性，同时诠释了符号学的语言意义。黎族古朴的造物观尤其在民居建筑的材料选用中体现得淋漓尽致,得益于黎族文身等极具象征性的装饰元素在民居建筑中的应用,黎族对建筑的造物观恰恰反映出地域性材料传递象征观念的高度统一,即黎族传统民居建筑的符号语言与传统造物观的象征崇拜等同属黎族文化脉络的重要一环。

黎族传统民居建筑也存在着一定程度的非语言表达特质,例如"类推法"(analogy)①从隐喻的角度看,是黎族聚落环境为黎人的行为模式或习惯提供了线索,而不是象征语言或符号语言,黎族3000年的生活环境铸就了其独特的建筑形态。虽然没有详尽的历史文献记录每一时间节点的黎族民居演化,但通过对生存环境线索的研究,可以从模糊的、冗余的信息推导其文化生态环境的影响因素。非语言表达本身即代表着对诸多影响因素的综合分析,也可以简单地成为"黎族文化代码",人类学、心理学角度的造物观,生态学角度的建筑材料与工艺都需要从黎族先民的生存环境入手,逐步分类不同渠道的信息形式,平衡现代受众审美观与黎族传统民居营造法则的美学交叉点,针对不同场景、功能下的不同建筑语言含义加以区分,梳理相对清晰的非语言表达脉络。在这一脉络或模式的分析中,环境因素尤为重要,也是黎人民居建筑文化中不可或缺的。

数千年的气候、植被、雨水乃至动物生态链的自然演化对黎族民居的选址、营建、造型、选材、工艺等都产生了极大的影响。相对固定的生态场所逐步构建出了相对独特的文化脉络,民居建筑成为这种脉络中最为坚实的传承者与见证者;而基于相对固定地域性的文化脉络也形成了自身的文化濡染,即文化生态环境脉络的体系。这些影响直接催生了黎族今天相对简易的聚落民居环境,因其对迁徙的常态化、不确定性的外在作用力,导致了黎人民居建筑材料、工艺的不断简易化、快速化,也形成了现今的黎族文化生态环境。通过有限的文献识别不同因素下黎族文化生态环境的掘进过程,发现黎族至今仍沿袭民居建筑过程由全村劳力集体协作完成的习俗,由此进一步判断出环境影响下人们基于对文化生态环境认同的行为,这种行为也是黎人文化脉络演进的产物。影响其行为的是生活环境的变迁,因而文化拥有了类似大自然般的生态特质,其间的关键线索是物质环境,物质环境的变化是文化生态环境形成及发展的作用力。今天的设计者对黎族传统民居建

---

① (美)阿摩斯·拉普卜特.《建成环境的意义——非言语表达方法》[M].黄兰谷等译.北京:中国建筑工业出版社,1992.

筑进行"再生"的应用设计，完整的设计过程应该在一定程度上将黎人文化生态环境看作文化信息的"编码过程"，如果不能理解或转译这些文化代码，那么设计出的仅仅是枯燥线条语言下的陌生文化脉络，转译文化信息代码的目的之一就是最大限度地避免当今各类流行文化的冲击。

　　文化生态环境具有"记忆功能"。黎族先民通过文化脉络的传承建立了其传统民居建筑的一整套文化生态信息代码，例如船型屋外观的船型渔猎文化代码、谷仓建筑葵叶的传统材料代码、杆栏式民居的生态环境代码等。这些代码意味着通过建立合理的场所和脉络等措施产生的文化生态环境可作为一种记忆形式保存下来。这种记忆形式所集中展示的黎族民居建筑能帮助人们追溯建筑与文化在黎人 3000 年历史中的文化与环境融合过程（图 6-3、图 6-4）。

图6-3　黎族传统建筑再生设计图（一）　　　图6-4　黎族传统建筑再生设计图（二）

　　综上所述，黎族传统民居建筑的营造具有文化生态语言行为，它提供了黎人行为背景中的文化脉络，可以通过观察、记录，进而分析解释，对民居建筑环境的文化生态特征进行充分考量。黎族传统聚落民居原生态环境包含三个主要因素，分别是空间环境、时间环境和交流环境。

　　空间环境的因素。对黎族传统民居原生态环境进行保护的规划或设计，无论村落面积大小、民居数量多少，都可以看作为不同目的和按不同原则形成的空间环境，折射出生活在这一聚落的黎人和村民的生产生活状态、价值观及造物原则。同时，透过民居这一介质也体现出原生态聚落环境下的和谐，使民居建筑与原生态空间环境相得益彰。

　　时间环境的因素。黎人不仅生活在空间环境中，也生活在时间环境中，其原生态民居可反映出在时间环境下发生的行为。第一类时间环境是大跨度的时间曲线，从千年前的普遍杆栏式民居到当下的普遍落地式民居，从材料到工艺均发生了显著的变化；第二类时间环境指黎人主动或被动的活动节奏和速度。从作为"原住民"的散布全琼岛居到逐步相对被动地向中部山地迁徙，不断变化的时空带来了传统聚落民居样式的调整，不断适应这种迁徙节奏的需要带来了民居营造技艺的流变。

交流环境的因素。空间环境和时间环境都是黎人生产生活的构成要素。交流的交织形成了黎族传统聚落环境民居间的脉络，而脉络也反映出环境与时间的可变性，黎村曾经的"隆闺"即是私密性作为交流环境下的独特空间需求，可见交流环境促发了文化的可变性。

6.4　生态文化再生与适应

黎族传统聚落民居再生的首要因素是生态文化再生，船型屋民居建筑的独特结构外观形制是其所处地域环境中顺应自然、和谐共生的典型生态文化的集中体现。再生的定位与使用功能调整时不应改变其特有的生态文化属性，但原生态聚落环境下的生态文化势必受到现代社会多元文化的影响，在彼此的制衡与相互调整中形成一种达成共识的再生生态文化适应契合点。"当一种文化受到外力作用而不得不有所变化时，这种变化也只会达到不改变其基本结构和特征的程度和效果"。[①] 再生行为应带有一定的积极主动性，从黎居再生中提取生态文化信息，转化为设计形式语言，并融合适应从现代社会的多元文化中汲取的与传统聚落文化能够产生交集的交叉点，这个过程中需要克服外在形态可能出现的变量或不可确定性。必须注意的是，不同黎族聚落地区的生态文化差异性在一定程度上是存在的，基于这种基础差异性所带来的再生契合点必然有不同的外观形态或生态文化形式，这是再生中应该鼓励与遵循的非统一性。对于不同地域不同村落的黎居再生，不应固化统一形式，而需首先以再生对象原址的生态文化信息为先导，逐步尝试挖掘与再生的现代多元文化相适应的契合点，黎居再生的表现形式多种多样，所传递的生态文化信息也应是相对丰富的。"个体生活的历史首先是适应代代相

---

① （美）托马斯·哈定等.文化与进化 [M].韩建军，商戈令译.杭州：浙江人民出版社，1987.

传的生活模式和标准。从出生之时起，他生于其中的风俗就在塑造着他的经验与行为；到能说话时，他就成了自己文化的小小创造物；而当他长大成人并能参与这种文化活动时，其文化的习俗就是他的习俗，其文化的信仰就是他的信仰，其文化的不可能性就是他的不可能性"。[①] 黎族传统聚落建筑的形制本身就多种多样，干栏式船型屋、落地式船型屋、金字形船型屋、谷仓船型屋等，这些不同样式虽在各个村落中几乎均有涉猎，但在尺寸规划、比例样式及材料使用等技艺方面有着明显差异。所处生态环境的差异性造就了生态文化总体具有一致性、个体具有差异的原生态聚落状态，进行再生时，需视个体生态文化情况具体分析设计再生方案。

生态文化再生中的适应性源于黎人先祖对海南自然生态环境的适应，黎族数千年来未曾对所处生态环境进行破坏性的"文明"活动，黎族聚落改造自然的过程是不断借助生态系统利于生存生活的过程，是逐步适应并融合的一个生态文化系统，"人聚环境首要的、最普通的元素是自然，尽管人们不生产自然，但有责任视之为一个有组织的系统"。[②] 因此在对构筑于原生态环境中的传统聚落文化进行再生时，需要通过再生行为带动所处环境与人群适应传统生态文化。黎居聚落生态文化不会因再生而消亡，或者一次性地实现决定理想的完美效果，再生是一个长期的递进式过程。过程中会不断因传统聚落生态文化与现代多元建筑思维碰撞出的多种形式而改变黎族生态文化的核心基础作用，直到两者形成和谐的适应性效果。一个相对合理的再生方案与效果需要黎族传统聚落民居环境的正常延续，要求民族的社会性与生态环境的稳定，从中不断汲取文化与生态环境的适应契合养分，反之则会失去评判的依据与标准，因此不应将现代社会多元文化视作洪水猛兽。有效的再生行为会促进原生态环境下的传统聚落民居场所的主动再生，外部因素若能够以良好的心态接受认知黎族民居的再生价值，会形成再生活动正能量的反作用，实现倒推传统聚落场所有效调节传统物化行为与生产消费。黎居生态文化再生的演进将以内外因双向的适应为共同作用力，实现黎族传统聚落文化既不守旧，现代社会认知性又不盲目排斥的地域生态建筑艺术文化。

罗康隆在著作《文化适应与文化制衡》中提出了"文化演化的协调演进律"：

---

① （美）露丝·本尼迪克特. 文化模式 [M]. 何锡章等译. 华夏出版社，1987.

② C.A.Doxiadis. Building Entopia[M].Athens: Athens Publishing Center，1975.

"一方面，它能使一个民族永远生存在完整文化的维系下，正常运作并消化吸收有用的文化因子，同时稳妥淘汰不利的文化因子，通过这一规律能够产生新的稳定，提高文化的运作效益"。① 在全球一体化趋势的带动下，黎族传统聚落社会形态发生了显著的变化，并引发了民居传统营造技艺延续的生存危机，打破了黎族数千年以来的"完整文化的维系"，丧失了对不利文化因子的自我淘汰能力；"另一方面，它往往使演化更趋复杂化，产生大量始料不及的后果，引起民族生活的广泛改变"。② 这一点已成为黎族社会的实际写照，黎族依靠自身的协调力尚不具备应对文明变革的主动适应能力。从保护我国乃至世界各民族多元文化的角度出发，由外部力量干预并引导黎族聚落社会在变革中"软着陆"，是尝试为其注入新生能量的主要方式。"假如文化是一种利用能量的机制，那么，文化就应该在某处找到这种能量；文化必须以这种或那种方式掌握自然力。假如将来利用这种自然力为人类服务的话"。③ 黎族生态聚落文化根植于地域环境资源，传统文化中流淌着自然力的能量，至今也未与生态相隔绝。充分结合现代社会环境的再生利用，主动适应现代科技与思维意识，是与黎族生态文化继承性最佳的交叉点。从客观情况判断，黎族群体对融合与再生并无明显抵触，整体社会环境变迁的带动效应已促使其思变。现代社会对文化多样性的接纳，为黎族传统民居再生获取新能量打开了一扇窗，注入了新的社会艺术语言，在两者的文化制衡中建构乡土再生建筑的生态文化新秩序。

黎族生态文化再生与适应立足于变革过程中的逐步重构。黎族聚落的演进史中并不缺乏文化重构的身影。历史上黎族文化重构的周期是相对漫长的，但参与重构的因素并不复杂，新时期的黎居再生与适应需要协调诸多社会信息、环境信息、建筑信息与科技信息，多元文化的繁盛在一个侧面形成了相对凌乱的适应过程或重构因素提炼，因而黎族生态文化的适应亟待黎居再生形态代表性理论与方案的产生，在纷乱的世俗规约中抓准稳定的文化重构秩序，形成现代社会适应并推崇的新生民居力量，文化重构需要再生作品实践与理论的标志性成果，以逐步形成风格；理想的生态文化重构得益于黎族原生态聚落居民的深度参与，被动接受与随波逐流的浅层级参与极易出现重构中的偏离，势必导致再生形式的偶然性。

① 罗康隆. 文化适应与文化制衡 [M]. 北京：民族出版社，2007.
② 罗康隆. 文化适应与文化制衡 [M]. 北京：民族出版社，2007.
③ （美）怀特. 文化科学——人和文明的研究 [M]. 曹锦清译. 杭州：浙江人民出版社，1988.

稳定的生态文化重构不能单纯依靠外界干预的强力效果，无意识的自发性觉醒与生态文化发源地的积极尝试能够在加速再生方案普世适应性的同时夯实长期性；我们不应将某条政策性的保护传承或某一企业的利用开发作为生态文化再生永续性的判断标准。依靠偶然性的外因力量所带来的变化建立文化重构要素的做法是缺乏根基的，可持续的内外因共同作用，是抑制负能量要素的主要屏障。能够长期相互适应的生态文化对再生方案有着针对性的需求，环境与人是缺一不可的两个支点，文化重构中人对环境的主动适应性秩序相应转移到再生新环境或现代社会公共场所空间，这种适应性不能掺杂偶然形式，需要原住民适应再生新环境的常态性。

6.5 设计学视角下的黎族民居再生内涵与外延

传统建筑在特定时期的历史环境中具有与生俱来的艺术美，经历人类改造自然初级阶段的建筑本身在结构性、装饰性与外在轮廓上明晰地传递着设计行为活动所创造的美学价值。建筑在出现之初即以完全的生存使用功能作为构筑目的，之后逐步显示出具有承载精神功能的价值属性。作为实用美学形态，黎居再生需要严谨的逻辑性设计过程，再生利用的目的性决定了不仅要实现新的使用功能，还要承载传统精神价值与融合新的社会思维，是一个高负荷并时常遇到矛盾对立问题的设计工作。从设计学视角审视黎居再生，有序传导传统聚落民居的艺术内涵与创建融合性外延象征性的空间体系，势必将拓展生态文化理念，跨越思维和技术的瓶颈。

1. 功能优化提升与打破单一固定形态

传统聚落黎居的外部结构特征鲜明，视觉形式感显著，但空间功能划分简单，结构功能合理性欠缺。设计本身的逻辑关系要求形式服务于功能要求，现代社会对空间配套的全面性需要改变传统建筑内部空间的布局，优化再生民居建筑的使用功能，提供更加完备的活动与交流场所。室内装饰中将黎居元素作为主要创意来源，尤其关注生态信息的设计手法处理，并遵照适度体现舒适度原则选用设施设备。另外，功能优化不仅限于室内空间，建筑外观的价值不再承载纯粹的精神信仰，再生的外观形式将愈加转化为设计语言的符号化，并充分借助现代科技以仿生材料、多功能耐用材料、轻质耐久材料等丰富装饰与结构样式。"建筑设计是一个适应的过程,在建筑中不存在一成不变的功能和自始至终的美"。[①] 设计的灵活性将针对现代社会环境中的不同场所、不同环境进行不同范式的再生创新,在保留生态文化内涵设计语言的基础上避免重复性既定样式。现代社会的文化多样性也对黎居再生设计提出了新的调整,传统民居脆弱的功能形态无法满足多变的环境诉求,生态化的材料特征与强烈象征性的结构造型会成为辅助设计过程适应新环境的有效生命力。船型屋民居的范式可成为最紧要的再生原型,成为再生可利用内涵形式中对外延伸拓展最具支撑的源头标准,而非固定单一模式。

2. 再生设计带动返璞归真

现代城市建筑的科技化程度虽高,但早已远离自然环境的生态信息,传统的生态化特征将更加凸显文化魅力。聚落黎居所采用的木材、竹材、茅草葵叶、藤类等天然材质会在高度工业化的现代场所环境中促动反思建筑的本真性,与宏伟高耸的建筑相比,黎族传统民居的再生更加回归自然的秀美,通过天然材料的加工体现象征寓意的传统方式更具有再生内涵价值,并能够在意识领域的外延中播撒民族特色居住艺术文化的生态性。黎居再生新环境的复杂性与剧烈的变革速度会妨碍再生的融合度,适度的对比效果与拉近人与自然的亲和度是黎居的天然优势,应发挥船型屋民居的地域性特征,将黎人原生态场所返璞归真的造物思维运用到再生设计的内在规律与外在形象中。

3. 再生建筑的生态美创新

黎族传统民居建筑所拥有的生态美,在于通过集束性生态材料的编织技艺附着于具有象征意义结构层面的表里如一的自然美学案例。黎居再生需要充分体现这一生态材质的秩序语言,以及建立在其屋顶特殊曲面空间的多维关系,船型屋面的再生创新会在流体力学等领域为现代建筑带来新的思维方向。基于黎族传统民居再生的生态美是自然美、技艺美与建筑美的统一,丰富了再生对象既有的美学价值,是一种师法自然、和谐共生的创新应用美学模式。包容地接纳黎居再生设计,是传统民居内涵中对现代社会环境生态人文关怀的再生转译。

---

① 朱国庆. 生态理念下的建筑设计创新策略 [M]. 北京:中国水利水电出版社, 2017.

设计学兼容并蓄地将生态文化内涵、生态设计规律与再生目的性有机整合，以理性的逻辑思维贯穿再生全过程。在涵盖环境生态信息人文内涵的感性情感框架下，延展了民居建筑创新再生的审美观念和认知态度，平衡生活质量与生态环境关系，以无定律样式的再生创新设计看似无形的生态美法则。设计学的文理交融个性与黎居再生的技术原则、生态原则异曲同工，从民居遗产保护设计的方向完成了文化生态环境再生的核心目标，标明了再生形式是对人类长期适应自然能力与改造自然能力的协调统一。重新审视功能与形式、科学与技艺的传统关系是十分必要的，生态黎居的价值观内涵既在再生建筑外观中延续，又在室内空间场所精神中拓展。活化的传统技艺应用，在建筑中以质感再生文化内涵，在环境中以生态延伸再生精神。

6.6　环境中的再生应用

1. 美丽乡村建设中的再生应用

黎族传统聚落民居再生应用的对象主要在海南省，它是孕育滋养黎族地域文化的原生地；再生利用是对数千年生活环境最好的回馈，海南省具有接受认知与积极推动本土民族民居建筑文化创新发展的天然优势，其美丽乡村建设有着得天独厚的环境资源，植被种类丰富、气候适宜，绿化的主要问题在于种类搭配而非成活率或生长效率。海南地方政府响应国家对美丽乡村建设的号召，出台了很多有利政策，并提供扶持经费；在国家公布的各类先进建设名单中，都不乏海南省的身影，其中黎族传统聚落民居的再生利用起到了不可替代的关键作用。以民居为着眼点，对黎族文化生活生产领域内的多个非遗特色项目进行不同侧重点的打造，成为海南南部最主要的美丽乡村特色建设方向。

（1）民居再生利用

海南美丽乡村在以打造黎族元素为特色的导向中，对民居的再生主要集中在三个方面。首先是保存总量不多的原生态传统黎居，这种类型民居的再生基础是保护，以最大限度地减少对现状的物化影响为再生原则，尤其在民居外观的处理上以更换破损材料与修补结构性问题为重点，将民居室内和周边数十平方米的面积作为变量基础。传统船型屋室内低矮且相对封闭，可作为了解黎族生活的主要场所展示，以还原生活布局与生活用具为要点，设置黎族传统钻木取火、拉绳取火、三石灶厨房体验的互动环节，有意识地保留具有年代感、因常年烟气熏染呈黑色的屋顶结构，使之接近原貌。有选择性地在墙面上进行开窗处理，使传统未开窗船型屋与之产生对比，自然地传递再生的必要性与变革的实用性；可将船型屋的船体元素结合船舱洞口，或以竹材紧密排列的藤条编排作为窗的创新样式，以呼应民居的整体风格。

其次是金字屋式民居的再生，借助相对高大的建筑结构进行实用功能的延伸，对民居外围护的部分如外墙与屋面进行拓展。外墙既可选用挂板体系以相同质感拓展空间，又可利用幕墙形式以玻璃立面强调与传统材质的反差效果，凸显融合创新的视觉冲击。通过增添外围护所增加的连带民居空间丰富具有不同使用功能的复合性民居，承载美丽乡村多种交流与餐饮的独特体验需求。在增添屋面的基础上进行外观特色元素的设计，在更加充裕的空间内体现再生应用的灵活性。因金字屋的传统室内布局形式相对接近汉族，展示的价值可让渡为新功能的植入，更合理地利用宽敞的室内空间，将之变为村上书屋、儿童阅读、茶歇小憩等配套功能场所（图6-5、图6-6）。

图6-5 黎族金字屋再生设计（一）　　图6-6 黎族金字屋再生设计（二）

最后是在破败严重或已坍塌民居原址基础上进行再生应用，无论是传统船型屋或是金字屋，在不具备基本使用功能的前提下，可通过对现状的分析，筛选保留相对完整的局部或构件，进行展示性保护（图 6-7），并依据原风格，使用现代材料营建新建筑，把遗址局部保护变成再生建筑的视觉核心，将遗址公园的基本理念作为单体再生建筑的设计灵感来源。对其他建筑部件可稍作防腐防潮处理，作为村内装置的首选材料，传递浓郁的黎族原生态民居风韵。

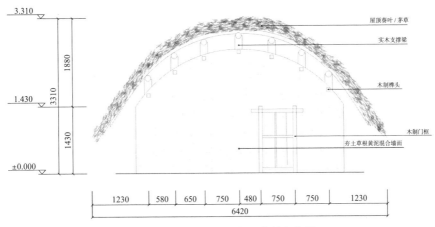

图 6-7　黎族船型屋结构完整性参考图

　　无论哪种类型的再生应用，对屋顶基本功能的处理都应在保留外在质感与生态性的同时提高使用质量。为避免传统黎居屋顶材质破损后易漏水的弊病，可在内部沿网格支撑架结构铺设防水材料，如卷材或其他薄膜类。对再生利用为现代结构的建筑屋顶需注意隔热问题，避免采用流行性玻璃屋面，而应因势利导地借助美丽乡村生态优势进行屋顶绿化设计，自然降温的绿色方式能够更加体现再生民居的科学性，同时一脉相承地传习了黎族与环境和谐共生的场所精神。

　　在再生应用过程中经常遇到民居外墙开裂、脱落、结构裸露等现象，这种情况下可对墙体进行分类再生，以外部常规修复为主，适度体现原始建筑工艺，墙的内侧选用现代材料重新加筑，因占据一定的室内使用面积，不适合在每面墙体采用。适度对外墙进行延展并种植绿植，可大大增加再生民居的乡村气息，配合黎族制陶工艺产品，通过局部镂空的陶艺装置以灯光渲染墙面，合理地展示黎族各类装饰纹样图像。黎居的再生可视作以居住原型为载体和基础，以传统生态化材料为依托，在黎族诸多非遗技艺的形式中重构出具有鲜明地域性、相对舒适的使用体验、为原住民接受和社会受众认知的创新设计。传统黎居的原真性会以不同线索的形式组合构成为不同体量的物化形式，生态环境的基础是再生应用赖以为生的原生态资源，任何形式的再生应用都以生态环境的保护与适度修整为前提。

（2）其他配套建筑与设施的再生应用

黎族传统聚落场所中除船型屋民居外，还有谷仓以及少量的干栏建筑。谷仓在所有传统黎村都有分布，具有物质与精神的双重属性，因而在形制上与船型屋民居相似，具有再生应用价值。美丽乡村对外开放需要设置大量的售卖区域，多以现代货架或农家陈设为主要形态，缺乏统一规划，难以传递较高的环境附加值。日本在很多乡村博物馆模式开发中进行了相对集中的产品售卖区域布局，并且在售卖空间的建筑形制上选择地域性信息强烈的设计语言元素，带动产品文化附加值的认同与提升。黎族谷仓的内部面积相对有限，不适合进行室内空间活动，可以作为黎族农产品与手工非遗产品的销售窗口，再生过程中不改变屋顶船型元素的基本形态，保持黎族船型建筑语言的一致性。在内弧线墙体开设窗口，并沿洞口低处设置货品展示架，以向屋外延伸的形式招揽游客。传统谷仓再生中可适度提高原有架高尺度，同时围绕谷仓搭建木质踏步，以便在较高尺度窗口完成挑选，将最后一级踏步拓展为 2 米进伸平台，以避免拥挤（图 6-8、图 6-9）。

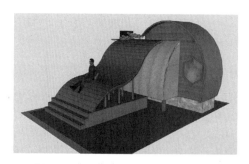

图6-8　黎族传统民居再生设计（一）

图6-9　黎族传统民居再生设计（二）

黎族传统非遗手工技艺丰富多样，可根据不同工艺产品的特点对谷仓进行不同形式的再生改造。黎族织锦的知名度相对较高，产品规格跨度大，对展示平台的面积有严格的要求，可选择一间谷仓再生为黎族织锦的展示售卖场所。屋顶造型借助船元素，使用竹材与大幅面黎锦制作船帆造型，起到了鲜明的专属信息传递效果。在墙体不开窗区域绘制黎锦主要代表性纹样，谷仓再生所使用的设计语言信息均需有与之相对应的产品形态，以实现黎族建筑造物观的产品化转移，满足受众对文化附加值的购买需求。窗口与展示架可参照织锦木框与腰织机、座织机部件进行装饰，尤其是谷仓入口的再生完全结合座织机的骨架轮廓，并具备简单编织的基本操作功能，以实操视觉体验的方式传导黎锦成品的艺术价值。在谷仓四周栽种植被，强化黎锦植物染料的绿色天然属性，通过销售窗口营造非遗文化的展示氛围。

黎族露天烧陶与竹藤编织工艺产品可通过组合的形式在谷仓再生建筑中展销，黎族烧陶柴火与泥坯半成品以 2—3 米直径的圆形围绕谷仓散落分布，烧制后的成品既可以与竹藤手工艺编织产品分区展示，又可通过竹藤材质来承载。谷仓墙体可再生为船型屋民居常见的竹材简易编织结构，主要支撑柱、梁结构由整根粗壮竹体经藤条捆扎完成，踏步两侧用麻绳捆扎为扶手，入口两侧不开窗墙体则用竹材改造为船桨造型，以呼应船型屋顶。不同架高谷仓单体间可设立连接廊道，借鉴干栏式黎居结构样式，将原有或新建的干栏式民居设计为区域性中心单元建筑，利用高度优势乘风纳凉与俯视黎村，在了解谷仓非遗产品展示区后登高品茶，再生为乡村休憩的应用场所。黎族许多非遗材料与图案均可应用于聚落场所的设施中，以突出文化风貌（图6-10、图6-11），将村落原有的生活设施如酿酒、水井、水渠等视为再生民居等主要建筑与生态环境间的纽带，在美丽乡村的

图6-10　图案和材料在设施中的运用（一）　图6-11　图案和材料在设施中的运用（二）

建设布局中，建筑是最重要的特色与亮点，但核心要点不能取代全部乡村，诸多配套设置、绿化植被的有效配置是不可或缺的构成要素。原生态聚落场所的酿酒流程需要水井、水渠设施的参与，再生应用既可以恢复原始功能，在原址内展示黎族酿酒工艺与售卖，更可以充分集合设置形制与材料特征，选择一处传统黎居进行复合型功能再生应用。

黎居再生的最佳试验田在原生态的聚落环境内，可以在聚落原址进行多种不同再生形式的运用，分析村民与社会受众两个不同侧面的认同度反应，逐步得出城市环境中再生应用的适宜方案。另外，美丽乡村的天然场所本就是一个能够给予自下而上的生态民居文化传承变革的基础环境，对不同样式、不同材料的使用应抱有积极、宽容的审视态度，最终以更大的社会多元文化环境验证认知效果。不经过乡村环境阶段的尝试而直接运用于城市建筑中的再生，在某种意义上是一场质押黎族传统民居文化生命的豪赌。美丽乡村中的黎居再生应用本质上就是对黎族传统生态文化的救赎，是通过传统乡村活力的复苏带动地域民族文化被主流社会文化重新接受，并再次以多元文化一员的崭新形态出现在城市社会人群的视野中。美丽乡村建设成功与否的主要指标之一是乡村经济的复苏与人口的稳定发展，传统黎居既代表着传统乡村过去的生活缩影，又代表着新的历史时期再生的希望。黎居再生不仅是民居建筑的再生，生态文化的内涵式发展才是透过黎居再生形式所折射的核心再生要义，科技发展会无限地提升使用舒适度，但无法体现我们来自哪里，从哪里繁衍生息，黎居的再生在提醒人们，形式可不断变化，但在驻足停歇的时候依然能发现生态环境还在我们身边。

2. 城市环境建设中的再生应用

在现代城市多元文化的环境背景下，文化的多样性并存为黎族传统聚落民居再生应用于现代文明环境提供了相对宽松的空间与适宜的土壤。随着城市建设的飞速发展，许多城市尤其是二、三线城市的建筑风格同质化明显，在使用功能与建设数量无限提升的同时，地域文化建筑语言严重缺失。国内少数民族众多且分布广泛，很多具有千年传承的民居建筑艺术文化具有鲜明的地域个性与浓郁的文化气息，是所在地区重要的城市建设设计元素。海南省作为国内面积最大的特区，从国际旅游岛到自由贸易试验区，每一个国家的重大利好政策背后都需要打造建设带有自身地域优势和特点的城市建筑环境，黎族作为海南最早的定居族群，

3000 年的民居建筑演进为建设今天的海南国际化都市孕育储备了丰富的地域建筑艺术宝库。

城市环境民居的可应用载体大致分为三个主要类型：老旧建筑改造利用、新建半成品建筑应用与新建建筑应用。现代城市庞大的规模与建设速度催生了大量新建筑，老旧建筑略显疲态；它们或因使用过久而陈旧，或因中心区域转移而降低使用价值，国内每一座城市都存在老旧建筑，也存在着如何对其合理利用的社会发展难题。在海南省的主要城市中，分布着很多 20 世纪八九十年代的建筑，它们普遍存在外部材料残破脱落，内部划分狭小拥挤，各类线路老化，室内环境与设施老旧故障等制约使用效果的严重问题。对这类建筑的再生，外部立面可结合黎居高度简洁的结构造型语言关系，在以船型屋基本形制为应用来源的基础上，扩展到海洋文化范畴，将黎族的住屋文化与所处环境的海洋文化进行有机结合。老旧建筑外观的再生改造应该大开大合，并适度保留一定的建筑历史痕迹，或以此为局部立面背景基础，而非完全去历史性地重新包裹。在整体再生应用中抓准船元素核心结构的语言信息，以最传导生态文化的基本型放大贯通于外立面的主要部位，配合以民居及海洋设计元素，杜绝过分追求繁复的细节，尤其是当以存留一定面积的历史痕迹为背景时，需要更加极简的立体造型。外观仍需选择现代的仿生态肌理材质，为了在造型上与主入口接近，可适当选用原生态黎居材料，以便近距离地传导生态民居艺术文化的原真性。

海南省各个市县大都营造了主题性风情小镇类的特色区域建筑，但相当一部分主题属于舶来品，少有海洋渔家风格，以本土少数民族艺术风貌为核心的则更为乏善可陈，这种地域优势文化利用匮乏的现状同时也为再生应用黎族传统聚落民居艺术留下了发展空间。城市商业街的各个铺面自然以品牌风格与产品定位进行空间的装饰，但整体空间场所要统一规划，因为地域文化生态环境语言在商业空间场所中对受众的吸引力与带动效应非常明显。商业街入口与所有路口、道路座椅、绿化带、水系、小型景观装置、桥梁设施、路灯、客服中心等均可作为转化应用的载体进行设计，营造原生态的黎居聚落环境是具体建筑外观与室内环境再生应用的重要搭配因素。户外公共区域环境中的黎居风格更多以聚落风貌与装饰、材质肌理与色彩等进行宏观主题的元素应用，更加强调整体环境格调的取向；相对具体化的再生主要针对个体商业建筑，可对一个水平面的商业招牌与基本商业信息展示区域进行统一尺寸与风格样式的制作，在线性轮廓连贯运用中以局部面积一致性为建筑个体差异制造风格协调性的整体基础。改造类的商业街立面从成本控制与工艺流程出发，更适宜进行局部的黎居建筑元素应用；半成品建筑则可充分发挥外观装饰造型与主体结构利于结合的特点，大胆地选用尺寸比例明显的船型屋构件信息，由建筑高点以船型结构适度突出于立面，向下延续海洋文化、民族非遗文化信息语言（图6-12、图6-13）。黎族民居简洁的结构工艺与装饰手法不需要繁复的线条构成，更适于结合建筑立面窗口与各类功能部位现状，自然

图6-12 黎族传统民居再生设计案例（一）

图6-13 黎族传统民居再生设计案例（二）

地附着黎居生态文化标志性信息。在室内空间装饰的应用中，功能分区完全依照建筑内部的使用需求，适合对带有门洞的黎居墙体进行装饰，不涉及承重的墙体可完全采用竹木材质，以简化的黎居轮廓参与空间界面的分隔装饰。适宜在室内公共区域的吊顶中融入黎居装饰纹样，以立体化形式丰富层次感，并采用黎锦图样围合棚线，或成为电梯井背景的主要图形基础。地面和墙面所采用的黎居原生态材质需特别注意防火，干燥的材料不适宜大面积应用，或以仿肌理材料替代。建筑的公共平台可较好地还原聚落生态环境场景，配置捣米椰树根、牛皮凳、竹藤编织品等装置，同时具有使用功能。干栏式船型屋适宜以吸烟室、开水间、休息室的现代功能重新出现，丰富室内空间的感官体验。相对纯粹并极赋原生态特征的饰物与造型尽量不要直接植入，因为难以调和与现代功能的巨大反差，转译传统民居建筑设计语言同样起到令人耳目一新、特色鲜明的传导作用。

　　在对新建建筑进行黎居风格的再生应用中，主体结构尤其室内结构难以充分展现黎居特征，仅可在过渡空间分隔和公共空间上进行适当表现。要充分为黎居再生造型预制交接点与合理的契合工艺，特别是做好原生态自然环境的工程图纸设计，为后期的真实植被栽种，以水渠为原型的水系处理打好基础。新建建筑的原生态材料应用比例不高，除个别完全以黎居为元素营造的单体功能建筑外，在解决功能问题后仍需搭配使用大量的现代材料。新建建筑的外观设计更需充分考虑文化适应性问题，黎居再生元素的制约度高，要在设计造型语言制衡中实现与城市主流审美的和谐共生，而户外环境的过渡场所正是赋予空间适应阶段的重要平台。黎族民居建筑元素的城市化再生需要一个渐进的过程，不可能在短时间内快速取代或超越某种现行主流文化样式，城市受众群体认知性的培养需要从外延区域逐步浸染到文化核心区域。城市建筑再生的根本目标不在于取代任何存在，而在于找到其民居文化生存的桥梁与环境，与黎人最初适应并改造海南独特自然生态环境的演进相类似，黎族传统聚落民居艺术的城市再生应融入现代发展节奏下的美学消费意识。进入城市建筑文化链条中的地域民族民居同样要具备应对原真性保留与融合多元文化的矛盾问题的处理能力，在现代文明场所中驾驭传统建筑再生相较于原生环境的实验性尝试更为复杂。评估与拓展文化多样性是制衡矛盾性的主要基础，对时代性的敏感与把握是再生应用切入点的构成要素，再生的作用不是为城市建筑寻找发展方向，而是为传统聚落原生态环境中的黎族民居找到与现代社会文化融合发展的契合点，找到自身以再生求生存，以利用换发展的核心关切。再生的力量是双向的，应用于新环境可以改变对象，同时因改变对象而变革自身；随时代的变迁需激流勇进，反之则独善其身自成一体，黎居的前世与今生也演绎着国人的治世哲学。

3. 槟榔谷文旅项目中的再生应用

在海南省不同程度地利用黎族传统聚落环境进行再生开发的众多综合实践项目中，位于保亭县与三亚市交界处甘什岭自然保护区境内的槟榔谷文旅项目可以称为省内以黎族文化为基础的再生应用相对成功的代表性案例。在项目选址上，并非圈地新建，而是以多个自然村的原生态规模资源构筑人文基础，周边以浩瀚的槟榔林裹挟，生态资源丰富独特。传统聚落黎村为槟榔谷带来了极为完整的生态文化体系优势，山地环境为合理规划项目空间的层次提供了便利。由于该项目动工于20世纪末期，尚有大量保存完好，并持续使用的黎居建筑规模群，以此为契机的黎族民居文化内涵的多样性通过不同黎居样式的并存自然而然地在文旅项目中存续。几近完美的再生土壤与宽松的建设周期给予再生应用绝佳的施展舞台，黎族民居艺术的精华元素在槟榔谷项目中得以再生尝试，取得了理想的应用效果。

槟榔谷文旅项目主入口的外观造型将黎族传统聚落民居元素与黎族信仰崇拜相结合，船型屋的显著元素——船身轮廓体作为主入口遮挡，在凸显船型屋生态文化的同时，合理地解决了雨水或强紫外线对主入口的影响。顶部以船型坡屋顶为建筑最高点，以下将黎族知名的大力神纹样转化为立体造型，为突出符号转化的认知性表面辅以二维的图案形态，立体造型的设计充分考虑了各种对比手法的运用，并适度保留了一定的通畅性。两边侧门顶部的造型来源于黎人对生活中的力量代表牛头的崇拜，与神话中大力神的寓意异曲同工，互为呼应。材料上选用了黎族船型屋民居的茅草，并结合海南地域特色火山岩材质和其他海南本地石材（图6-14）。正门周边的配套建筑在高度上均低于主入口，并更加充分地再生还原了黎族船型屋民居样式，如游客中心（图6-15）以二层结构为基础，承载了更为宽大的船型屋顶造型，木材主体结构与茅草屋顶较好地突出了黎居的辨识性特征，并创作性地在二层结构上设置平台与扶手，增添了再生民居样式结构层次的丰富性。立面墙面模拟船型屋墙体色彩，以涂料粉刷，虽让渡了原生材质的肌理感，但从整体性上较好地应和了放大版的再生建筑，宏观上结构特征再生清晰，比例

图6-14 槟榔谷景区大门

图6-15 槟榔谷游客中心

色彩应用协调。将游客中心入口两侧的立面墙以黎族文身纹样的立体造型加以装饰，并应用于宣传板、电话亭等设施的造型与材料中。贵宾室（图6-16）的再生应用手法整体上与游客中心一致，主要区别在于选择一层设置了独立的茅草屋顶，以还原生态文化的属性，并对二层平台进行了缩小处理，扶手则全部向内侧倾斜，使阳台整体上更趋近装置性的造型功能，而非强调使用价值。项目入口区域传递出再生应用黎居特色元素的明确导向，室内则以完全的功能需要为原则，布局与设施设备符合现代服务标准。槟榔谷项目的最大特点在于拥有完整的原生态黎族聚落村寨体系，以此为基础的再生没有撕裂原生系统的民居建筑构成关系，对大多数民居与建筑的再生应用较好地保留了黎居原真性的文脉架构。

再生意味着合理的变革，对售票处船型屋屋顶的两个侧面进行了提升功能性的尝试，在两侧屋顶切面开窗口为二层室内空间提供自然光源，打破了传统黎居不开窗的功能性缺失顽疾，继而对屋顶造型进行了改良，在一定程度上提升了美学价值，丰富了船型屋侧立面的结构美与层次美（图6-17）。槟榔谷项目借助原始地形地势做成10余米落差的宽大截面，巨大的仰视立面作为强烈的民族文化传导介质，中心以极具文化、工艺、经济价值的黎锦龙被图案彰显黎族文化信息，左右用黎族甘工鸟纹样立体造型加以装饰，下侧以流水瀑布表达生生不息的传承寓意，两侧的竹木造型既是图腾纹样与悬挂绿植装饰的载体，又是顶部两间茅草屋休憩空间的结构支撑（图6-18）。在视觉高点水平线两侧等距排列黎族谷仓建筑，并以背部为实体装饰背景的做法具有创新性，其文旅项目以聚落黎居为核心，以最为直观的方式收事半功倍之效。此外，沿坡道还因势利导地排布了干栏式船型屋民居（图6-19）。该类展示方式直接在原民居基础上修缮，意在展示标准的原

图6-16 贵宾室

图6-17 槟榔谷售票厅

图6-18 槟榔谷入口景观

生态黎居样式，也符合再生设计具体情况具体研判的客观原则，完整地保留一定数量的原生态民居是应遵循的再生责任。在地势高点俯视局部环境，项目中以固态形式再生了黎族渔猎耕作的历史生活场景（图6-20），四周则以竹木结构船型屋与黎锦编织行为活化手法展示，这种静动结合的理念与生态民居博物馆的手法有一定的相似性。文旅项目能够承载较好的严谨性说明作用，是对再生应用建筑最合理的支撑，同时赋予受众对再生作品的文化适应性，实现了黎居原真性与再生应用间的文化制衡。

图6-19 干栏式船型屋

图6-20 历史生活场景重现

槟榔谷文旅项目对传统聚落民居再生最为恰当的应用是场景环境的再生。在原生态黎村原始环境中进行合理的流通动线布局是再生的基本要素，所依据的是对再生定位的精准分区，槟榔谷项目能够列入国家非物质文化遗产教育基地，也在于充分地再生了黎居传统聚落民居的各个主要场景环境（图6-21）。现代社会受众的认知性标准不可能与任何一个地域性文化艺术实现无缝衔接，需要适度地

图6-21　黎居历史生活场景

保留一定规模的原生态民居，并使受众获取最为真实详尽的视觉信息。但如果黎居传统文化艺术想被现代文明彻底接纳和喜爱，就势必借助再生的途径。再生的表象感官是民居与环境的外在形式，再生的内涵是转化转译传统民居生态文化语言，参照类似翻译器的原理，将数千年的传承用更易于被读懂的设计语言信息来传达。例如场景再生中的青蛙形态，比例上已经放大数十倍，设计主要基于黎族装饰纹饰——蛙纹的灵感，成为合理体现黎族民居生态文化艺术的代表，目的是强调性地突出黎居聚落的生态历史沿革，突出对黎居背后深层生态信息的解读，本质上在于为再生应用场景构建完整的文化信息。槟榔谷的场景再生也会应用于在一个相对有限的环境中还原多个不同功能的建筑（图6-22），图中左侧为黎族少女住的闺房，右侧为展示黎锦织造场景的传统金字屋式船型屋民居。仅从建筑间如此近的距离即可判断两者均为再生建筑，除了主要形制与材料完全依据船型屋传统民居营造外，在细节上进行了服从于使用功能的调整，如隆闺的尺寸相对缩小，与周边民居形成良好的视觉比例，从而营造整体协调的局部环境。再生中变化的基点在于更好地为使用目的服务，既符合项目的展示说明定位，又遵循了再生过程中对文化适应与制衡的原则标准。项目场景中将黎民生活烟火气的氛围营造与售卖功能进行了自然捏合，在民居场所内加工农家食品并标价销售（图6-23），露天场景中放置传统炉灶，以传导场所的功能属性，适度的参与性、现代设计理念下的路径规划与装置性的传统器物引导，都是现代社会语境中传导再生信息并应用设计手法的有效形式。

图6-22　多个建筑场景再生

图6-23　椰子售卖亭

图6-24　墙体局部破损状态

图6-25　场景环境再生

　　保存较好的原生态聚落民居以外观形象展示功能为主，基本维持了当初居住时的原貌（图6-24），墙体部分裸露的骨架结构使原真性显露无遗。为降低极端天气对屋顶茅草、葵叶的破坏，借鉴了海南度假酒店的方法，将网格绳覆盖于屋顶表面，起到固定作用。不直接影响或破坏黎居主体结构的现代材料与技术，可以延续再生对象的长期使用价值。项目中表演黎族歌舞的舞台，其背景即为大坡度的聚落民居环境再生（图6-25），这类再生对象经过艺术夸张，以更加鲜明的民居符号形式配合民族歌舞的背景氛围。

　　与槟榔谷的文旅类民居再生相比，海南保亭县境内的一处美丽乡村对民居的再生更具现实意义，其以现代民居建筑基本构建为基础，外观上应用了黎族船型屋民居核心造型（图6-26），屋顶使用蓝瓦的非原始色象征为船归大海的古意新解。再生中突破性地抛弃了传统的茅草屋顶形式，在避免大面积维护更换材料的基础上，一次性解决了材料的稳固性问题，整体效果上延续了传统黎居的形制轮廓。从再生的使用价值与美学角度来看，该村的再生无疑是一种较为理想的应用，

图6-26　船型屋造型建筑外观

而从生态文化角度而言，则相对集中于民居入口的门庭材质。文化的适应性并非不能包容这些具有一定颠覆性的再生方式，黎居文化再生融入社会环境的目标也会造就自身再生应用形式的多样性，在认同这种再生设计的同时，愈加意识到地域性少数民族再生手法多元的价值与无法回避的趋势。不同黎族聚落地区本就存在方言习俗等方面的诸多差异，对不同区域黎族民居的再生利用本就无需探求统一的范式性设计模板，从国家文化宏观的多样性到具体少数民族内的多样性都是自然存在的应该给予尊重和扶持。社会环境的类型与作用各不相同，民居再生的内涵指向与功能形式也必然存在差异性，设计艺术的灵活手法在多变的再生语境中神似原生态体系内的生态丰富性，文脉的传承也应不拘泥于某种单一的造型语言。

　　槟榔谷再生环境中相对"保守"的应用模式，使得以展示完整黎族艺术文化为核心价值的商业经济项目获得了健康的生存空间，验证了社会人群对黎居生态文化认同与再生价值认同，保亭黎村的应用昭示了再生多样性的必要，环境在不断变化，传统文化再生的样式也应随之不断调整与适应。文化制衡不单存在于主流文化与地域文化之间，同样适用于黎居文化再生的不同环境场所内。笔者在此结合前文分析的黎族传统建筑再生案例，总结梳理出了以下四种再生设计思路及对策，从建筑内部、外部以及内涵文化等多方位、多维度进行总结归纳（表6-1）。

再生设计策略归纳表   表 6-1

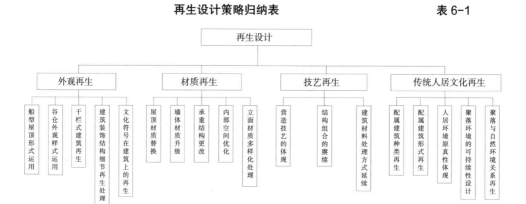

第7章 结 语 <<<<

　　黎族传统聚落民居再生不是单一的对原生态现状加以修缮与保护，也不是在赋予其现代基本生活功能的基础上进行使用。从长远发展来看，结合国家对于海南自由贸易试验区建设中的打造海南"国际设计岛"目标，黎居再生的视野需要不断拓展与多元化。黎居再生并不局限于聚落原生态环境内，随着乡村城镇建设步伐的不断加快，黎族以民居为代表的一系列地域民族文化艺术形态都将以不同的再生形式出现在海南省的现代化城市之中。"无界"既指地理意义上的边界范围，又寓指黎居再生载体形式的丰富性，而地理界限的不断突破也必然伴随再生形式的不断变化。从空间上的扩展到表现形式的不断更迭，以民族地域文化为依托的黎族民居在再生中实现的是文化内涵与民族历史积淀的升华。尤其在城市新语境下的文化碰撞与融合也将带来黎居再生途径与手段的多样化发展，黎居构成要素中的诸多部件将不再束缚于原生态自然环境，新一代材料工艺与技术将为黎居再生"创作"出新时代工匠精神的城市黎居范式。船型屋民居的外在形态线条语言或成为黎居原真性辨别的主要标注之一，"无界"的趋势将引领传统黎居与现代城市环境中的一切建筑与空间相交融。一旦跨越融合初期的"阵痛阶段"，黎居及其民族文化将似颜料入水，扩散消融于城市环境中，为城市文化注入新的"血脉"。

　　"记忆"到"技艺"的关键纽带，并非传统意义上的工匠，材料工艺的现代化、多元化催生了更为立体化、多样化的再生形式，表达黎居传统原真性的环境将大胆尝试脱离原生态环境下的设计代码转译，以适应新环境中不断更替的精神需求与文化流变。再生的跨界远非停留于单一系统或同一领域内的结合式"互助"，跨界是民居设计语言转译的必然趋势与途径，无界则是对黎族传统民居文化精神传承再生的征途中无法预判的多元文化碰撞的精准描述。黎族传统民居根植于海南，新的历史时期有新的历史机遇，国家在建设海南自由贸易试验区实施方案中将打造海南国际设计岛作为主要发展动力之一，也预示着特色地域文化必然成为展示国际化的新语言。国际化并非摒弃传统，国际设计岛更非抛弃地域文化优势，环境的带动促使黎族传统民居建筑以更加国际化的视角与设计语言展现在自贸港的全新舞台上。传统与现代、原始与创新发展的关系早已跨越对立，保护原生态是彰显再生之美的坚实基础，无界的再生更是保护黎族特色地域民居文化的源头。

本书源于笔者对黎族传统聚落民居环境 10 余年的跟踪调研与再生设计实践，书中对海南省典型的黎族传统聚落——白查村、初保村、俄查村、洪水村的传统民居历史流变进行了阐述，用设计学研究方法详细测绘并记录了其外在形制及人文内涵，总结出了当今海南黎族聚落民居的保护方式：①"建筑遗址"式的全村保护；②聚落环境整体升级保护；③延续部分使用功能保护。这三种保护模式虽然在一定程度上能够缓解黎族传统聚落民居的消亡速度，但仍未能构建黎族传统民居文化与现代社会沟通的桥梁，本书进一步融合了黎族聚落民居保护、再生设计理论、设计学路径等多维度研究方法，有针对性地结合"再生设计"加以思考，制定了整体研究路线，由浅及深地从民居形式、聚落形态的传承递进至住宅文化的赓续，围绕"活态传承"思路展开再生设计研究。

再生设计的意义不局限于对我国少数民族传统建筑文化多样性的维系，而是继承和创新了少数民族的传统文化，尤其是在海南自由贸易试验区语境下更加凸显民族自信，以地域资源为载体构建海南独特的本土文化艺术特色，以黎族传统建筑文化为焦点引导人们重视地方传统文化，重新审视与发掘传统文化的艺术价值。本书主要是对原生态环境下民居的完整记录和系统研究，最终的目标和意义远不止于原址保护，而是一个能够与现代社会"兼容"的古老文化载体、一个具有强大生命力的地方文化艺术展现形式。第 5 章提出了：①与美丽乡村建设的结合；②在城市环境建设中的运用；③在文旅项目中的应用。不仅如此，在再生设计的理论凝练方面还整合了我国较为前沿的手段，尤其是以少数民族文化为载体进行的一系列保护性设计尝试，同时对泰国、日本等国家理论和实践发展的规律性进行了归纳总结，并以此为基础提出了再生设计与活态传承策略。

社会发展的巨大变迁势必改变任何一个少数民族的传统聚落环境，任何原生态环境也势必随之发生显著变化。记录和保护是为了保留经典的民族传统聚落原生态环境和作为文化代表的民居建筑。然而，系统性的研究无法阻挡黎族传统聚落民居整体性灭失的趋势，社会不断发展的阵痛之一即是数量众多的传统文化环境与建筑遗产的消亡。将黎族传统民居作为建筑遗产进行保护是基础，能够让后人更加清晰地了解其成因，以及如何发展与衰亡。最为核心的价值在于，不应让黎族传统民居以"原始有形"的消亡带来住居文化的消亡。再生的作用是弥补"原始有形"之后带来的"文化真空"，阻断式的传统聚落民居形态的消失久而久之会带来其民族文化的彻底消亡，民居再生反而产生了文化保护与传承的有形作用力。传统民居聚落环境原生态的保护能够在一定程度上延缓消失进程，但无法从根本上扭转趋势，因此保护的意义首先是完整翔实的记录，使之在未来的任何进程中能够完整精准地复建。但如果在复建的形式化背后解读出聚落环境场所的精神，诠释出黎族传统民居的原真性，则需要在原生态尚存的聚落环境中体会、发现与探究民居建筑眼前与背后的精神价值，梳理千年传承的技艺与意义；此后再进行选择，选择其再生于原址，打造建筑遗产人文环境，或再生于城市环境，与时代发展相融合。

汇总来看，本书主要包括以下六个方面：

（1）传统建筑遗产保护和再生设计的相关理论是黎族传统聚落民居保护与再生的重要论据，设计思维和再生逻辑等策略则更加有益于保护和利用传统民居建筑，为实现活态传承理念奠定基础。

（2）研究体系应该建立在现有黎族传统聚落民居的原生态基础上，在原真性原则的指导下进行一系列文化和传统民居建筑的再生设计。这主要是为了规避因研究不充分而导致的传统建筑遗产遭破坏和对传统文化的错误解读。

（3）黎族传统民居建筑的保护和文化生态环境传承应最大限度地保留现有的聚落形式、建筑营造结构、建筑材料等原始面貌，尽可能地采用技术原地修缮已经破损的传统民居建筑。复刻的建筑应秉承"修旧如旧"的原则，利用现代化技术手段使之有限度地达到数量上的增加，避免盲目、夸张的主观判断导致传统聚落中自然与人居环境的失衡。

（4）黎族传统聚落民居的再生设计应综合考虑其美学价值和文化价值，并与现代审美所导向的视觉艺术相结合，通过多维度、深层次的设计语言转化，丰富黎族传统民居建筑再生的文化内涵，更好地适用于当今的社会环境。

（5）在对黎族传统聚落民居原生态保护、再生决策和实施过程中，应当高度重视原住民的合理诉求，逐步引导村民提高传统聚落保护与再生工作的参与感，充分发动地方力量加入此项工作中来，并在后续的维护和活态展示时发挥主人公精神。

（6）黎族传统聚落民居再生设计的质量建立在其可持续发展的基础上，再生设计不仅针对个体及聚落的形式，更是聚落环境所能承载的现实意义，应在规划期引入多产业联动思路，为传统聚落再生后的生态再生和经济再生提供出路。

传统建筑的保护与再生涉及学科广泛，本书针对黎族传统聚落民居进行了详细的阐述，但尚有很多不足之处。有限的篇幅无法涵盖整座黎族文化的宝库，也不能完全承载再生设计丰富多变的逻辑思维。

黎族传统民居保护与再生之路远非坦途，"发现"、"选择"、"研究"是不断纠葛且无经验借鉴的崭新探索之路，上一阶段的研究与实践经验通常能为下一阶段的研究工作提供思路和灵感，这种递进式的研究方式更加符合可持续发展理念，因为关乎生态保护与环境再生的工作从来都不是一蹴而就的，研究黎居保护似乎成为再生的宿命，千年的传承不应于一代泯灭。本书希望能够为黎族传统民居提供持续性保护，使传统文化贴合所处的时代，承载原真性，融入城镇化的洪流，嫁接出更具生命力的特色地域文化建筑，实现再生的夏花。

附录：海南黎族传统民居测绘图与再生设计效果图

名称：高脚式船型屋

类型：左视图

说明：运用CAD软件制作出高脚式船型屋的前视测绘图，通过实体测绘图可进一步分析出其大多营造在落差较大的山地层面，符合地理环境的民居样式。

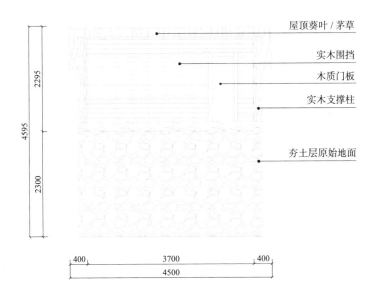

名称：高脚式船型屋

类型：前视图

说明：运用CAD制图软件制作出高脚式船型屋的左视测绘图，柱身留有孔洞，用于柱与柱间的木方连接加固，使民居建筑内部结构更加清晰硬朗。

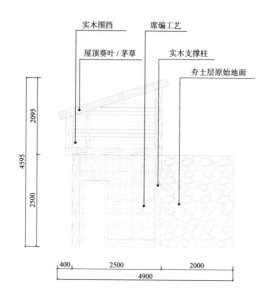

名称：高脚式船型屋

类型：后视图

说明：运用 CAD 制图软件制作出高脚式船型屋的后视测绘图，通过实体测绘图可进一步得出屋底距离地面距离高达 1.5—2.0 米，有助于通风散热，实现人畜共居的功能。

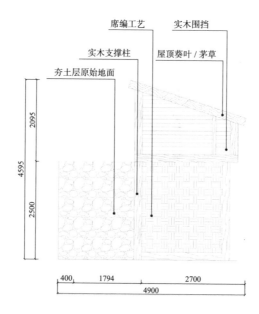

名称：高脚式船型屋

类型：右视图

说明：运用 CAD 制图软件制作出高脚式船型屋的右视测绘图，通过实体测绘图可进一步分析出其大多营造在落差较大的山地层面，符合地理环境的民居样式。建筑主要运用葵叶、茅草、实木、石头、黄土等建筑材料，材料均为自然原生态的本土材料，因地取材，取于自然归于自然，体现了人与自然和谐共处、尊重自然的原则。

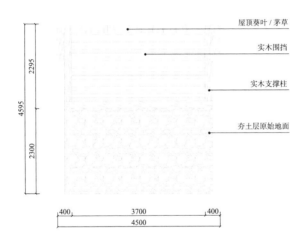

名称：低脚式船型屋

类型：前视图

说明：2018 年 10 月，运用 CAD 制图软件制作出低脚式船型屋的前视测绘图，着重刻画出船型屋的屋顶材质及其排列组织结构。

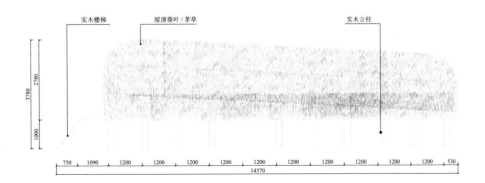

名称：低脚式船型屋

类型：顶视图

说明：2018 年 10 月，运用 CAD 制图软件制作出低脚式船型屋的顶视测绘图，意在强调建筑民居材料的使用范围。

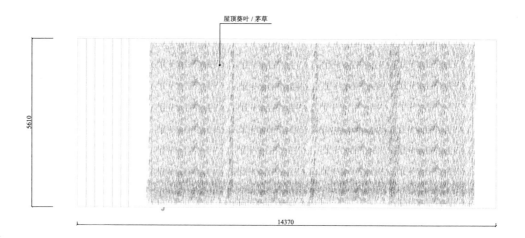

名称：黎族船型屋谷仓 1

类型：前视图

说明：运用 CAD 制图软件制作出黎族干栏式船型屋谷仓的前视测绘图，刻画底部由实木以及石块所搭建的建筑承重结构。

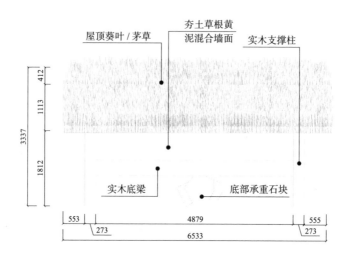

名称：黎族船型屋谷仓 1

类型：左视图

说明：运用 CAD 制图软件制作出黎族干栏式船型屋谷仓的左视测绘图，重点展示基座、承重柱、屋顶的连接结构，突出了干栏式船型屋谷仓的特点，清晰、间接地展现了建筑形式与结构方式。

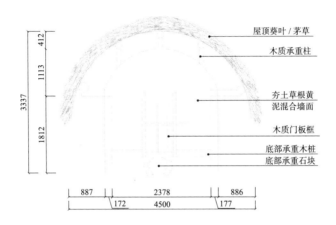

名称：黎族船型屋谷仓 1

类型：后视图

说明：运用 CAD 制图软件制作出黎族干栏式船型屋谷仓的后视测绘图，较为直观地展现了谷仓构造。

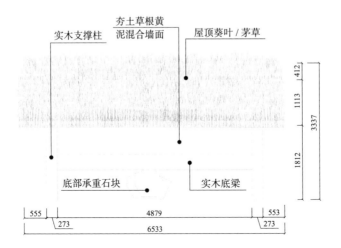

名称：黎族船型屋谷仓 1

类型：右视图

说明：运用 CAD 制图软件制作出黎族干栏式船型屋谷仓的右视测绘图，全面体现了干栏式谷仓的立体墙面结构和立柱方式。

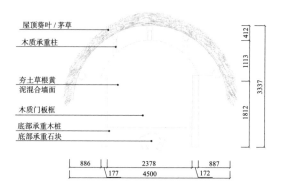

名称：黎族落地式船型屋 5

类型：左视图

说明：运用 CAD 制图软件制作出黎族落地式船型屋的左视测绘图，细致地刻画了屋顶的船型样式以及墙体的搭建形式，并详细刻画了木制门板的样式，详尽、准确的数据也为后续效果图制作提供了最有利的尺度数据规范，整体建筑形式具有审美价值。

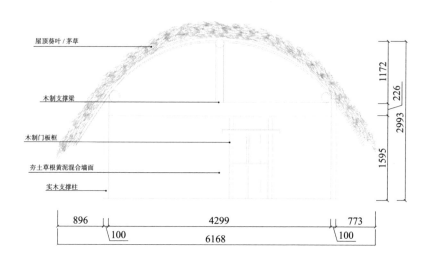

名称：黎族落地式船型屋 5

类型：右视图

说明：运用 CAD 制图软件制作出黎族落地式船型屋的右视测绘图，展现了实木支撑柱与实木支撑梁的搭建结构。

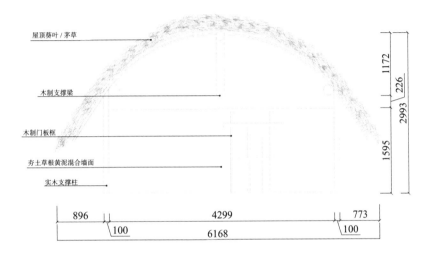

名称：黎族落地式船型屋 5

类型：俯视图

说明：运用 CAD 制图软件制作出黎族落地式船型屋的俯视测绘图，展现了屋顶的材质和屋顶全貌。

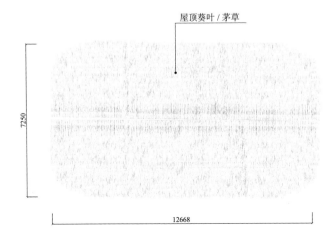

名称：黎族落地式船型屋 5

类型：前视图

说明：运用 CAD 制图软件制作出黎族落地式船型屋的前视测绘图，突出体现了船型屋的屋顶与墙体材质。

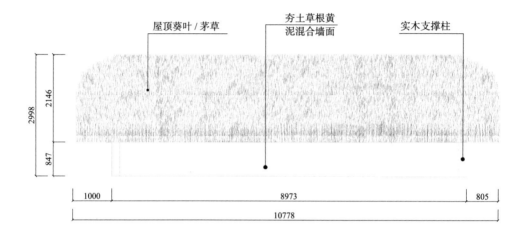

名称：黎族落地式船型屋 5

类型：后视图

说明：运用 CAD 制图软件制作出黎族落地式船型屋的后视测绘图，鲜明地体现了其形制构造。

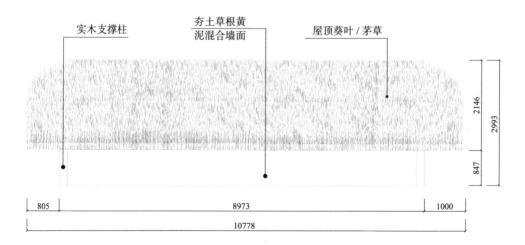

名称：黎族落地式船型屋 6

类型：前视图

说明：运用 CAD 制图软件制作出黎族落地式船型屋的前视测绘图，从前视图中可以看出通风口所处的位置，详细展示出墙体的立面结构。

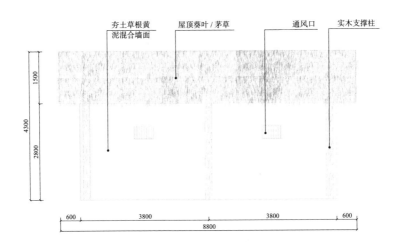

名称：黎族落地式船型屋 6

类型：左视图

说明：运用 CAD 制图软件制作出黎族落地式船型屋的左视测绘图，展现了墙面的席编工艺，以及木质门与木质通风口的样式。将三根实木支撑柱作为主要承重结构，细致展示出实木横梁的搭建形式。

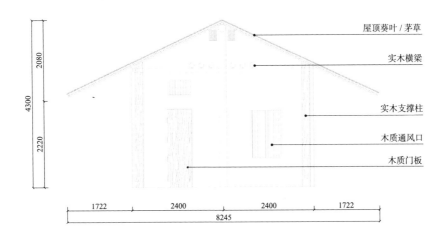

名称：黎族落地式船型屋 6

类型：右视图

说明：运用 CAD 制图软件制作出黎族落地式船型屋的右视测绘图，展现了墙面装饰、实木横梁与立柱的搭建形式。

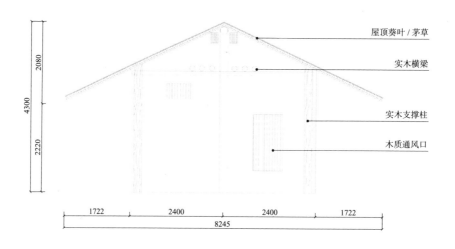

名称：黎族落地式船型屋 6

类型：后视图

说明：运用 CAD 制图软件制作出黎族落地式船型屋的后视测绘图，着重刻画出屋顶样式与立柱的排列组织结构。

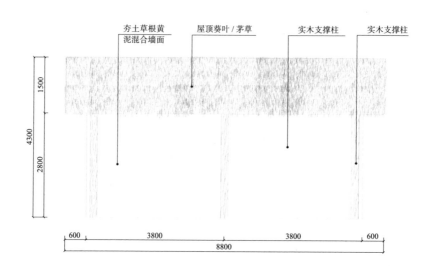

设计名称：售卖中心再生设计

设计类型：轴测图

设计说明：本设计改造时充分挖掘海南黎族特色，突出设计的民族性与美观，在装饰上选用海南黎族装饰。

设计名称：原始谷仓再生设计

设计类型：轴测图

设计说明：建筑外形灵感来源于船型屋，借鉴了船型屋的基本结构，建筑材料以木质材料为主，地面铺装以石材为主。

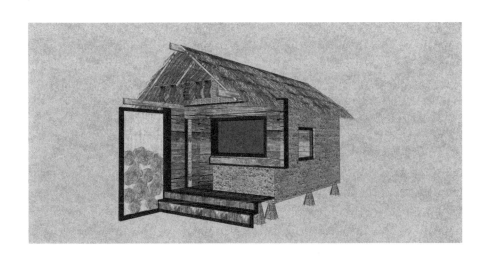

设计名称：售卖中心再生设计

设计类型：轴测图

设计说明：该建筑借鉴了船型屋的基本结构，同时融合干栏式建筑的特点，在装饰上选用海南黎族装饰。

设计名称：售卖中心再生设计

设计类型：再生设计效果图

设计说明：室内陈设较为简单，同时建筑整体是一个较为开放的空间，以便游客选购，减少繁杂的封闭式结构带来的不便。

设计名称：售卖中心再生设计

设计类型：再生设计效果图

设计说明：室内陈设较为简单，同时建筑整体是一个较为开放的空间，以便游客选购，减少繁杂的封闭式结构带来的不便。

设计名称：售卖中心再生设计

设计类型：再生设计效果图

设计说明：室内陈设较为简单，建筑整体是一个较为开放的空间，以便游客选购，减少繁杂的封闭式结构带来的不便。

设计名称：休息区再生设计

设计类型：再生设计效果图

设计说明：休息区的设计借鉴黎族传统民居的特征，运用天然材料，并通过功能拓展满足人们休闲的需求。

设计名称：售卖中心再生设计

设计类型：再生设计效果图

设计说明：该设计借鉴黎族传统民居建筑——谷仓的外形特征，其样式高度复古，黎族特征鲜明。

设计名称：休息区再生设计

设计类型：再生设计效果图

设计说明：左侧特色建筑形态如同青草覆盖下的"土丘"，营造出一种独特的自然美感，搭配海南特有的植物，充分体现了地域特色。

设计名称：售卖中心再生设计

设计类型：再生设计效果图

设计说明：该建筑工艺结构十分简洁，几乎没有现代工艺的使用，因此能够与自然环境高度契合。

设计名称：洽谈中心

设计类型：再生设计效果图

设计说明：洽谈中心的设计融合了绿色和建筑，二者相辅相成。庭院的主要材质是大理石、茅草、火山岩和竹编。

设计名称：建筑门头

设计类型：再生设计效果图

设计说明：建筑门头采用实木柱子搭建而成，更好地体现了黎族传统房屋建筑的特点。

设计名称：售卖中心

设计类型：再生设计效果图

设计说明：运用草图大师软件制作出售卖中心的模型效果图，采用了黎族大力神、黎族纹饰、蛙纹等元素构建。

设计名称：体验区

设计类型：再生设计效果图

设计说明：建筑在体验区建筑外形上传承运用了黎族传统谷仓建筑的屋顶造型结构，造型和色彩相对简洁统一。

设计名称：休息区

设计类型：再生设计效果图

设计说明：在休息区谷仓设计改造中遵循以下几点原则，就是地域性、融入性，而该原则就是与当地的黎族元素有关联。

设计名称：黎锦展示区

设计类型：再生设计效果图

设计说明：运用草图大师软件制作出展示区的模型效果图，简单直观地阐释其内部空间的设计与规划，展现文化之美。

设计名称：酿酒售卖中心

设计类型：再生设计效果图

设计说明：以黎族独特的传统民居建筑为创作灵感，并运用草图大师软件制作出酿酒售卖中心效果图。

设计名称：体验区

设计类型：左视图

设计说明：在设计改造谷仓时，要把对生态环境的影响降到最低，以环保生态为出发点、就地取材、进行低碳节能的设计改造。

设计名称：体验区

设计类型：再生设计效果图

设计说明：建筑墙体采用了当地的堆砌方法（茅草与泥土混在一起），具有一定的原始生活氛围。

设计名称：体验区

设计类型：再生设计效果图

设计说明：在设计规划上保留一部分黎族的房屋形式，目的是与该地的地势地貌有所关联。

设计名称：售卖中心

设计类型：正视图

设计说明：售卖中心的设计上，着重打造

地方特色，充分挖掘和突出当地文化元素，简单直观地阐释其设计与规划。

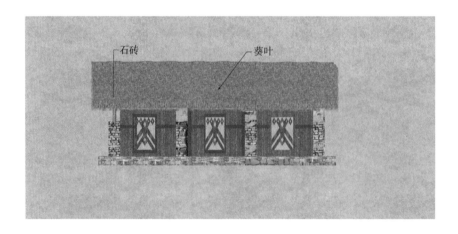

设计名称：体验区

设计类型：轴测图

设计说明：设计改造时，要着重打造地方特色，充分挖掘和突出当地文化元素。

设计名称：体验区

设计类型：正视图

设计说明：此单体建筑为体验区，设计上与当地的黎族元素有关联，保留一部分黎族的房屋形式。

设计名称：体验区

设计类型：轴测图

设计说明：体验区的设计借鉴了黎族传统民居的建筑特征，竹屋采用原始青砖作为基本地基。

设计名称：休息区

设计类型：轴测图

设计说明：2019 年 6 月，以黎族独特的传统民居建筑为创作灵感，运用草图大师软件制作出其轴测图的样式风貌。

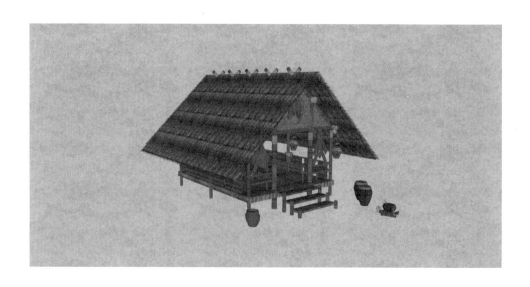

设计名称：休息区

设计类型：正视图

设计说明：休息区的设计借鉴了黎族传统民居建筑的风格特征，简单直观地阐释其外部的设计构造。

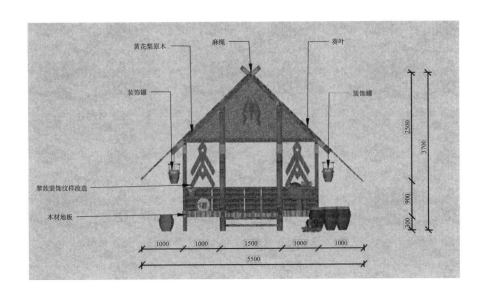

设计名称：售卖中心

设计类型：左视图

设计说明：此单体建筑为售卖中心，将黎族谷仓改造为黎族特色售卖店，采用竹木结合。

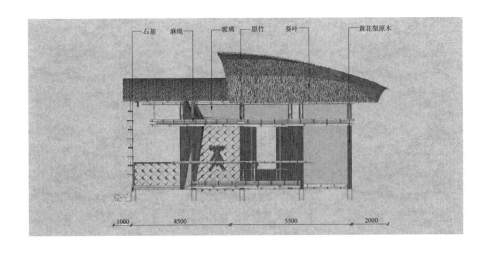

设计名称：售卖中心

设计类型：轴测图

设计说明：将木质材料作为售卖中心的装饰元素，在走廊四周搭配了黎族装饰元素，强化建筑的装饰特点。

设计名称：建筑门头

设计类型：再生设计效果图

设计说明：谷仓外部的门头以黎族渔文化为主，入门处有个稻草人，旁边有个小鱼塘，仿农家生活状态。

设计名称：黎锦展示区

设计类型：再生设计效果图

设计说明：2019 年 6 月，运用草图大师软件制作出黎锦展示区模型效果图，简单直观地阐释其外部空间的设计与规划。

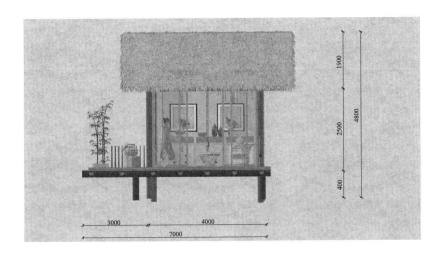

设计名称：售卖中心

设计类型：再生设计效果图

设计说明：售卖中心的设计借鉴了黎族传统民居建筑的风格特征，造型和色彩相对简洁统一，更加强调民族文化的沉淀感。

设计名称：建筑院落

设计类型：再生设计效果图

设计说明：院落道路和墙与黎族鱼纹样式相结合，打造黎族特色售卖，中间设有黎族农用手工艺展示台。

设计名称：建筑门头

设计类型：再生设计效果图

设计说明：谷仓外部的门头以黎族渔文化为主，入门处有个稻草人，旁边有个小鱼塘，仿农家生活状态。

设计名称：黎锦展示区

设计类型：再生设计效果图

设计说明：2019 年 6 月，运用草图大师软件制作出黎锦展示区模型效果图，简单直观地阐释其外部空间的设计与规划。

设计名称：售卖中心

设计类型：再生设计效果图

设计说明：售卖中心的设计借鉴了黎族传统民居建筑的风格特征，造型和色彩相对简洁统一，更加强调民族文化的沉淀感。

设计名称：建筑院落

设计类型：再生设计效果图

设计说明：院落道路和墙与黎族鱼纹样式相结合，打造黎族特色售卖，中间设有黎族农用手工艺展示台。

设计名称：原始谷仓

设计类型：正视图

设计说明：原始谷仓的再生设计旨在将原本的黎族传统谷仓建筑改造成带有地方特色或者传统文化的功能性建筑，在实用的同时兼顾文化传播。

设计名称：原始谷仓

设计类型：左视图

设计说明：该改造是模拟谷仓在聚落原址上的再生设计，具备黎锦产品、手工艺编织产品、黎族制陶产品等展示功能。

设计名称：原始谷仓

设计类型：轴测图

设计说明：设计改造最吸引游客的地方，在于建筑很有地方特色，在其中可以体验当地人的生活，了解当地人的生活方式。

设计名称：售卖中心

设计类型：左视图

设计说明：售卖中心的设计借鉴了黎族传统民居建筑的风格特征，尊重当地的自然生态环境，与当地环境相融合。

设计名称：黎锦售卖中心再生设计

设计类型：正视图

设计说明：本设计运用 SU 制图软件制作出黎锦售卖中心的正视图，简要展示了其正面外观造型及尺寸数据。

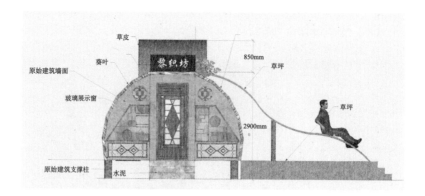

设计名称：黎锦售卖中心再生设计

设计类型：左视图

设计说明：本设计运用 SU 制图软件制作出黎锦售卖中心的左视图，简要展示了其左侧外观造型及尺寸数据。

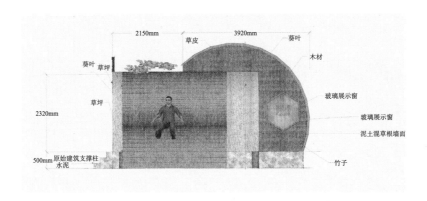

设计名称：黎锦售卖中心再生设计

设计类型：后视图

设计说明：本设计运用 SU 制图软件制作出黎锦售卖中心的后视图，简要展示了其背面外观造型及尺寸数据。

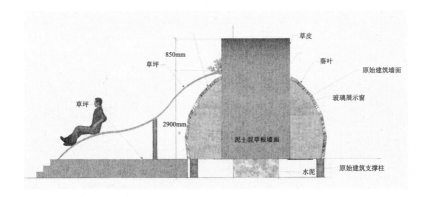

设计名称：黎锦售卖中心再生设计

设计类型：右视图

设计说明：本设计运用 SU 制图软件制作出黎锦售卖中心的右视图，简要展示了其右侧外观造型及尺寸数据。

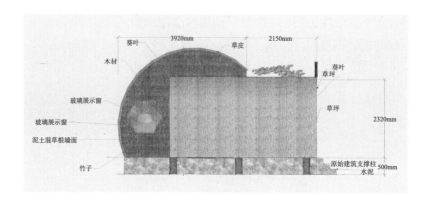

名称：初保村金字屋 A 户型

类型：结构图

说明：原先的木柱骨架在保持竖向木柱构造的同时，横向连接构件模仿了汉族梁架结构的特点，采用类似汉族梁架结构的连接枋，并学会了榫卯的连接方式。

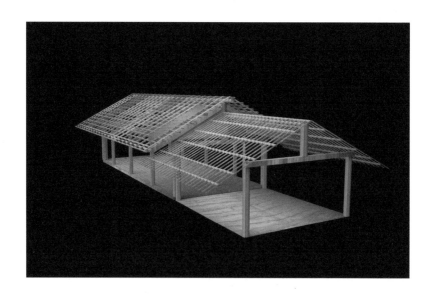

名称：初保村金字屋 A 户型

类型：结构图

说明：初保村金字屋内部的骨架已经完全模仿汉族的梁架结构，出现了相当多的抬梁式结构，扩大了室内空间的有效面积，实用性较强。

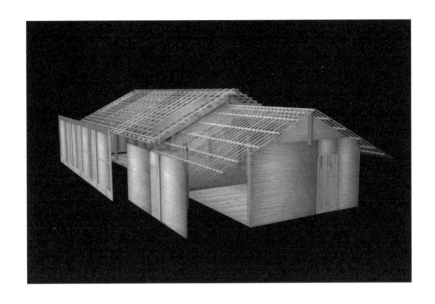

名称：初保村金字屋 A 户型

类型：拆解图

说明：在对初保村金字屋进行拆解的过程中，主要使用竹木等材料，最大限度地保证了建筑的色调氛围与环境相协调。

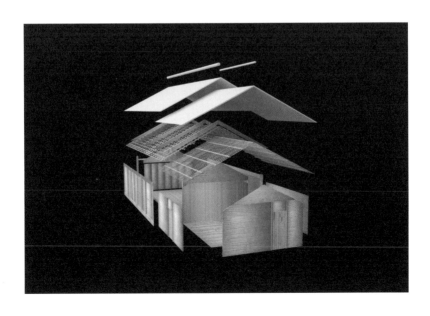

名称：初保村金字屋 A 户型

类型：拆解图

说明：从上述拆解图可以看出，初保村金字屋式民居建筑整体骨架组织结构依旧表现出粗大、简单的历史痕迹，且将更具亲和力的竹材和木材运用到墙内骨架中。

名称：初保村金字屋 A 户型

类型：单体复原效果图

说明：金字式民居建筑使用的是两面坡的"金"字屋顶，有利于雨水的排泄，排水效果更加优化，檐墙与地面的距离也有所增加。

名称：初保村金字屋 A 户型

类型：单体复原效果图

说明：房屋内外没有涂上清秀淡雅的颜色作为修饰，还原了建筑物体的原始美、自然美以及生态美，体现出黎族先民的智慧。

名称：洪水村金字屋 A 户型

类型：拆解图

说明：2018 年 12 月，在测绘图的基础上，运用三维建模软件对洪水村金字屋 A 户型进行拆解，建筑内部结构清晰可见。

名称：洪水村金字屋 A 户型

类型：单体复原效果图

说明：洪水村金字屋墙体真实的质感与丰富的肌理效果，使其更加具有海南传统建筑的地域性特征。

名称：洪水村金字屋 A 户型

类型：单体复原效果图

说明：金字屋建筑材料的色彩、色调应与当地的环境互相融合、协调，创造出与自然浑然一体的建筑环境。

名称：洪水村金字屋 E 户型

类型：单体复原效果

说明：运用三维渲染器 lumion 设计洪水村金字屋的复原效果图，较为直观地绘制出黎族传统民居建筑的样式风貌。

名称：洪水村金字屋 E 户型

类型：单体复原效果图

说明：洪水村金字屋 E 户型具有海南独有的地域文化特色，建筑材料一般选用茅草、木料和竹子，表达出黎族祖先独特的民族历史观、文化观、价值观和生态观。

名称：洪水村金字屋 E 户型

类型：拆解图

说明：洪水村金字屋的拆解图，在创作设计上充分利用木材与竹材进行遮阳、隔热和装饰等处理。

名称：初保村船型屋 C 户型

类型：单体复原效果图

说明：由于初保村船型屋每一个内部空间结构都是民族特色的象征，主体建筑内部的格局和细节问题不容忽视。

名称：初保村金字屋 A 户型

类型：单体复原效果图

说明：黎族先民掌握了汉族多种多样且复杂的榫卯结构体系，并通过实践活动运用到初保村金字屋式民居建筑中。

名称：初保村金字屋 A 户型

类型：单体复原效果图

说明：初保村金字屋 A 户型建筑最大的特点：开门形式为檐墙开门，有利于民居出入的便捷性，减少压抑感，增强了采光效果。

名称：洪水村金字屋 B 户型

类型：节点图

说明：从平面测绘图中可知其屋顶材料为竹条、茅草和木枋。

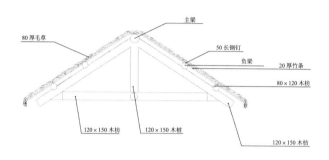

洪水村金字屋 B 户型节点图

名称：洪水村金字屋 D 户型

类型：东立面图

说明：运用 CAD 制图软件绘制出洪水村金字屋 D 户型东立面图，生动形象地展示了木柱的动态感。

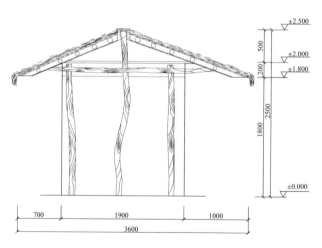

洪水村船型屋 D 户型东立面图

名称：洪水村金字屋 D 户型

类型：拆解图

说明：洪水村金字屋 D 户型拆解图，建筑造型独特，当地盛产的竹木构成其内部结构，墙体由土和稻草的混合物涂抹后在阳光的炙烤下逐渐形成。

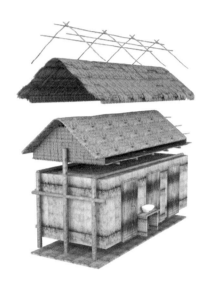

名称：再生改造 12

类型：左视图

说明：运用 CAD 制图软件制作左视测绘图，细致地刻画了屋顶组建形式，全面展现了墙面的造型纹样与材质。

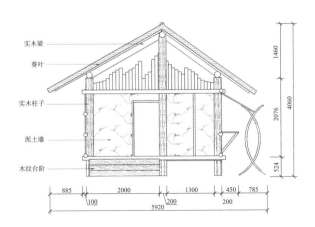

名称: 再生改造 12

类型: 右视图

说明: 运用 CAD 制图软件制作右视测绘图, 刻画出弧形支撑架的造型样式、实木柱的搭建组合形式与墙面形式。

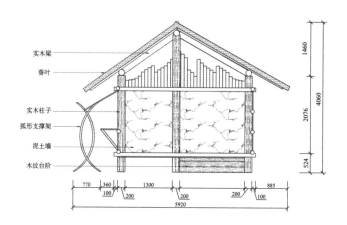

名称: 再生改造 12

类型: 正视图

说明: 运用 CAD 制图软件制作正视测绘图, 巧妙地增加木梁结构, 蛙纹图案用于装饰设计。

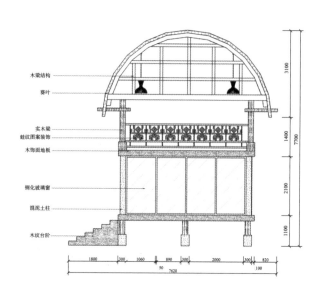

名称：再生改造 12

类型：正视图

说明：运用 CAD 制图软件制作出正视测绘图，黎族元素蛙纹纹样用于围栏装饰设计，展现了黎族传统符号在现代再生设计中的应用形式。

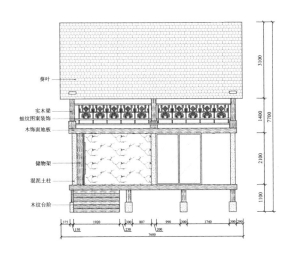

名称：再生改造 12

类型：右视图

说明：运用 CAD 制图软件制作出右视测绘图，独特的屋顶设计从侧面完善丰富了建筑整体造型。

名称：再生改造 12

类型：左视图

说明：运用 CAD 制图软件制作出左视测绘图，十字交叉的实木柱加固，强调了建筑屋顶与墙面的整体造型。

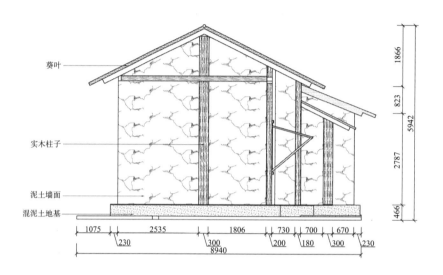

名称：再生改造 12

类型：前视图

说明：运用 CAD 制图软件制作出前视测绘图，全面地体现出建筑的屋顶材质、立体墙面的结构和立柱方式。

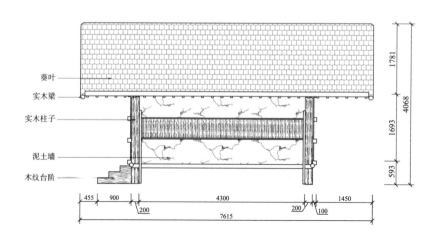

名称：再生改造 12

类型：后视图

说明：运用 CAD 制图软件制作出后视测绘图，直观看出实木梁作为屋顶结构的主要排列方式，鲜明地展现了建筑构造。

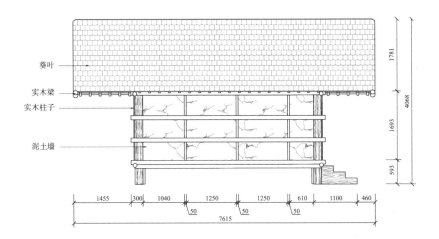

名称：再生改造 12

类型：平面图布置图

说明：运用 CAD 制图软件制作出平面布置图，丰富平面布置，流线合理，功能清晰。合理划分的功能区和详细的尺寸数据，为进一步设计绘制奠定了基础。整体规划功能合理、流线清晰、比例适宜、尺寸规范、动静结合、设计完整。

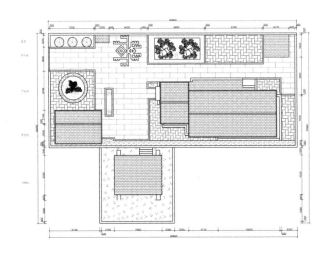

名称：再生改造 12

类型：前视图

说明：运用 CAD 制图软件制作出前视测绘图，体现出建筑正面的搭建样式，运用了半开窗设计，巧妙地将黎族图案装饰运用于设计之中。

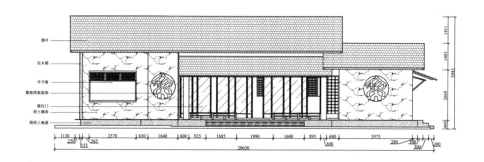

名称：再生改造 12

类型：后视图

说明：运用 CAD 制图软件制作出后视测绘图，较为直观地展示屋顶的搭建样式，以及窗户与墙面的组合关系。

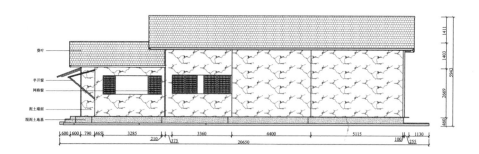

名称：黎族展示馆 8

类型：正面图

说明：运用 CAD 制图软件制作出黎族展示馆的正视测绘图，大胆合理地进行建筑整体外观的再生设计改造，并运用新型的建筑装饰材质将黎族纹样巧妙地运用于设计中。展现了传统与现代的结合，在继承传统建筑特点的同时体现了再生设计原则。

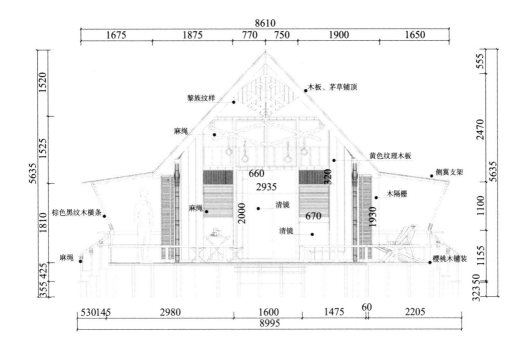

名称：黎族展示馆 8

类型：侧视图

说明：运用 CAD 制图软件制作出黎族展示馆的侧视测绘图，着重刻画出再生设计改造之后的材质及其排列组织结构。

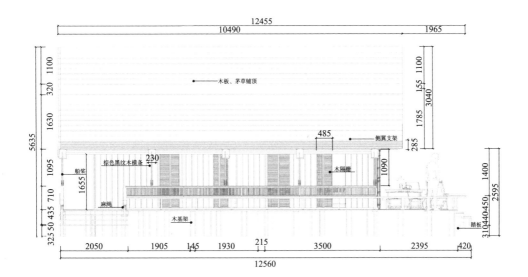

名称：黎族展示馆 8

类型：顶视图

说明：运用 CAD 制图软件制作出黎族展示馆的顶视测绘图，全面地体现出船型屋的屋顶材质与休息区造型。

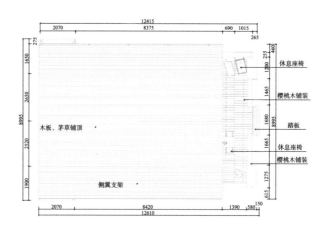

名称：景区大门 8

类型：示意图

说明：运用 CAD 制图软件制作出景区大门的示意图，由木板、茅草铺顶，中间加以黎族纹样装饰，较为直观地展现了大门整体构造。

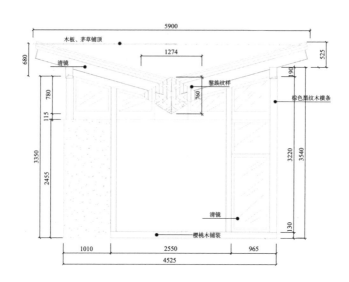

名称：休闲亭 8

类型：正视图

说明：运用 CAD 制图软件制作出休闲亭的正视测绘图，展现了竹编异形屋顶，中央搭配黎族纹样作为装饰，着重刻画了整体造型结构。

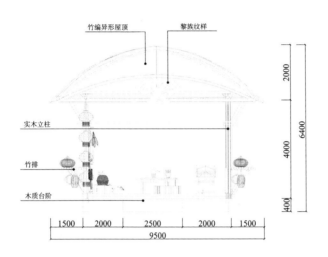

名称：休闲亭 8

类型：侧视图

说明：运用 CAD 制图软件制作出休闲亭的侧视测绘图，展现了竹编异形屋顶样式以及立面结构样式，生活气息浓郁。

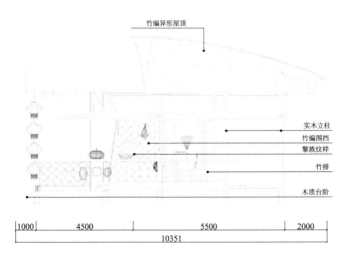

名称：再生改造6

类型：左视图

说明：运用 CAD 制图软件制作出左视测绘图，运用 200 毫米 ×200 毫米的实木柱与 100 毫米 ×100 毫米的实木栏杆进行搭建，并在设计中运用实木装饰纹样。

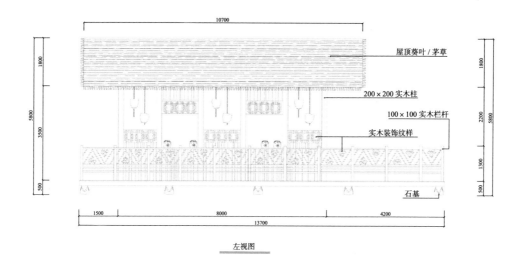

左视图

名称：再生改造6

类型：右视图

说明：运用 CAD 制图软件制作出海南黎族船型屋再生改造的右视测绘图，着重刻画了再生改造后的整体面貌，体现出浓郁的生活气息。

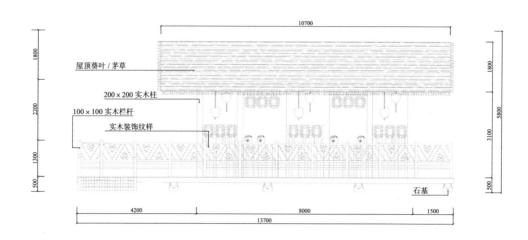

名称：再生改造 6

类型：后视图

说明：运用 CAD 制图软件制作出后视测绘图，突出建筑基座、扶栏及装饰纹样形式。

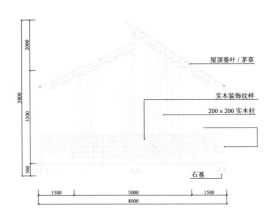

名称：海南黎族粮仓改造 1

类型：后视图

说明：运用 CAD 制图软件制作出海南黎族粮仓改造的后视测绘图，将黎族元素运用于再生设计中，详细地刻画了建筑搭建细节。

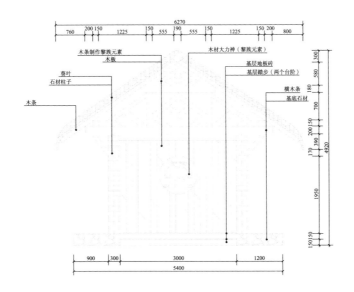

名称：谷仓改造 2

类型：顶视图

说明：运用 CAD 制图软件制作出谷仓改造的顶视测绘图，突出展示了改造后所增添的屋顶天窗形式。

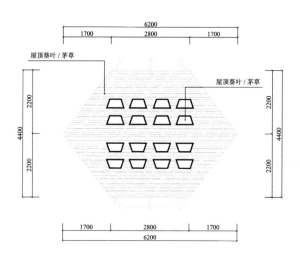

名称：海南黎族粮仓改造 1

类型：侧视图

说明：运用 CAD 制图软件制作出海南黎族粮仓改造的侧视测绘图，全面细致的运用多种材质进行再生设计。

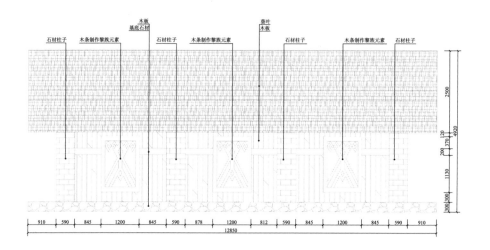

名称：海南黎族原始粮仓 1

类型：正视图

说明：运用 CAD 制图软件制作出海南黎族原始粮仓的正视测绘图，细致全面地展现了原始粮仓的整体建筑样式以及所用建筑材质，重点展示出基座的样式，墙面挂置斗笠、屋顶装置木条装饰画均显现出黎族人民的生活情趣。依旧采用原生态的建筑材料，体现了"天人合一"的思想。

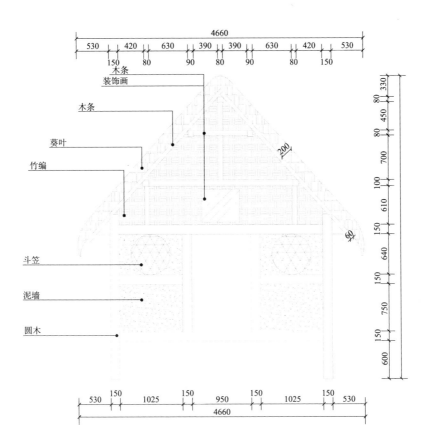

名称: 海南黎族粮仓改造 1

类型: 正视图

说明: 运用 CAD 制图软件制作出海南黎族粮仓改造的正视测绘图，展现了再生设计之后的整体面貌，重点体现其建筑营造样式。

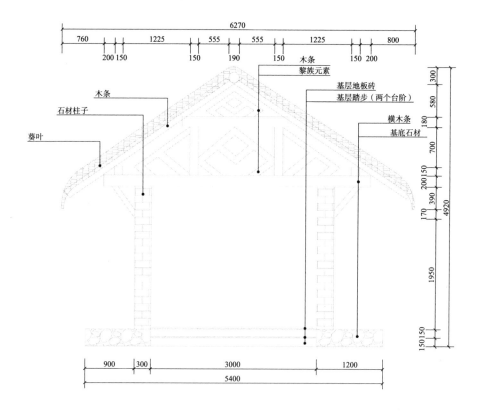

名称：海南黎族原始粮仓1

类型：侧视图

说明：运用 CAD 制图软件制作出海南黎族原始粮仓的侧视测绘图，用葵叶制作的屋顶、泥土涂抹搭建的墙体，以及墙面上用以稳固支撑的木横条，均展现了黎族人民的营造智慧。

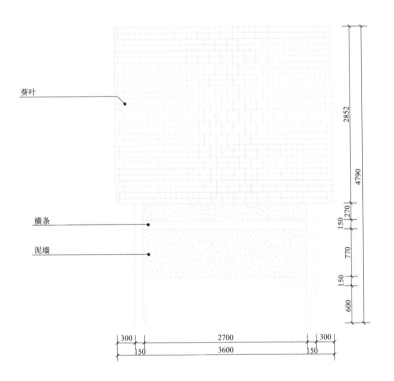

参考文献

[1] （俄）O·n 普鲁金 . 建筑与历史环境 [M]. 韩林飞译 . 北京 : 社会科学文献出版社，1990.

[2] （挪威）诺伯舒兹 . 场所精神　迈向建筑现象学 [M]. 施植明译 . 武汉 : 华中科技大学出版社，2017.

[3] （日）松村秀一 . 建筑再生 [M]. 范悦等译 . 大连 : 大连理工大学出版社，2014.

[4] 吴永章 . 黎族史 [M]. 广州 : 广东人民出版社，1997.

[5] 刘祆荃 . 海南岛黎族的住宅建筑 [M]. 广州 : 广东省民族研究所，1982.

[6] 薛林平 . 建筑遗产保护概论 [M]. 北京 : 中国建筑工业出版社，2017.

[7] 国家民委经济发展司 . 中国少数民族特色村寨建筑特色研究（一）村寨与自然生态和谐研究卷 [M]. 北京 : 民族出版社，2014.

[8] 国家民委经济发展司 . 中国少数民族特色村寨建筑特色研究（二）村寨形态与营建工艺特色研究卷 [M]. 北京 : 民族出版社，2014.

[9] 刘敦桢 . 中国住宅概况 [M]. 北京 : 百花文艺出版社，2004.

[10] 罗康隆 . 文化适应与文化制衡 [M]. 北京 : 民族出版社，2007.

[11] 吴良镛 . 人居环境导论 [M]. 北京 : 中国建筑工业出版社，2001.

[12] 黄丹麾 . 生态建筑 [M] 济南 : 山东美术出版社，2006.

[13] 刘敦桢等 . 中国住宅概说 [M]. 北京 : 百花文艺出版社，2004.

[14] （美）阿摩斯·拉普卜特 . 建筑理论译丛 : 建成环境的意义——非言语表达方法 . 黄兰谷等译 . 北京 : 中国建筑工业出版社，1992.

[15] （日）松村秀一 . 建筑再生——存量建筑时代的建筑学入门 [M]. 范悦等译 . 大连 : 大连理工大学出版社，2015.

[16] 海继平等 . "闽南走北"建筑与环境人文考察写生集 [M]. 北京 : 中国建筑工业出版社，2016.

后记 《《《

　　11 年前初次在西安参加全国建筑环艺教学年会，得以在竣工现场学习体会恩师的设计新作。10 年前在我任教的高校承办该年会时，又有幸与恩师有了面对面求教的机会，也为自己开启了黎族地域特色民居文化研究的学术之门。恩师的寥寥数语将我带入了民居建筑形式问题之上的学术云端，使我更加坚定了民居文化与设计的学术道路。10 年来从一个个省级社科课题到国家社科基金艺术学项目，我的每一个研究课题立项均倾注着导师的学术心血，四年来的博士授业更加身体力行地带领我踏遍海南黎族聚落的主要村寨。导师不仅是我学术上的导师，也是我教学上的榜样，田野调研的细节把握、客观问题的审视角度、研究方法的不同层面，以及严谨的理论分析等，把我重塑为一名学术型教师。从讲师、副教授到教授，我的每一个职称提升的关键学术成果基础均建立在恩师所引领的研究体系之中，每一个攀登阶段都指导我探寻更高的学术思维境界与研究方法。导师于我，远非授业解惑，而是学业与职业的导师。多年来师母的慈祥关爱历历在目，教会我从诸多不同的专业视角研究问题的新观点和新思路，对于恩师和师母给予我 10 年的学术指导，以及四年读博的辛勤授业，我无法用语言表达感激之情，唯有以更加勤奋的学术态度与新的学术成果回报他们。

　　18 年的教学之路、四年的博士求索，必须感谢父母对我的倾力协助，感谢妻子在我繁重的学业之路上如此辛劳地养育儿女，为家庭、为我的学业和工作付出了太多，并担负了本不该在此年龄所承担的压力。

　　我为自己能在不惑之年完成人生阶段性的重要目标而感激恩师和师母，感激生养我的父母，感激妻儿，感谢朋友和学生，感恩生活！